舵面传动系统动力学建模与仿真

Rudder
Drive
Systems
Dynamics
Research

万琦　刘奇　著
刘更　审

化学工业出版社
·北京·

内容简介

本书围绕舵面传动系统中机构间隙碰撞和控制耦合问题开展了相关研究。全书共7章，涉及含间隙铰链机构碰撞动力学建模理论方法、传动机构和电动舵机动力学建模、舵面传动系统联合仿真建模与动态特性分析、实验验证等。将系统建模理论和应用实例结合，为工程设计初始阶段快速有效完成系统动力学特性分析提供借鉴。

本书可供机械工程和航空航天领域的科研工作者、相关工程技术人员阅读，也可作为高校相关专业师生的教学参考书。

图书在版编目（CIP）数据

舵面传动系统动力学建模与仿真 / 万琦，刘奇著 .
北京 ：化学工业出版社，2024.10. -- ISBN 978-7-122-
46790-4

Ⅰ．V249.1

中国国家版本馆 CIP 数据核字第 2024QT0269 号

责任编辑：陈　喆
责任校对：宋　玮　　　　　　　　装帧设计：孙　沁

出版发行：化学工业出版社
　　　　　（北京市东城区青年湖南街13号　邮政编码100011）
印　　装：北京建宏印刷有限公司
710mm×1000mm　1/16　印张10¾　字数183千字
2025年3月北京第1版第1次印刷

购书咨询：010-64518888　　　　　售后服务：010-64518899
网　　址：http://www.cip.com.cn
凡购买本书，如有缺损质量问题，本社销售中心负责调换。

定　　价：99.00元　　　　　　　　版权所有　违者必究

前　言

党的二十大报告指出，增加新域新质作战力量比重，太空、深海、极地等领域技术创新是制胜未来的重要突破点之一。作为天地往返运输并可重复使用的"空天飞机"，舵面传动系统是高精度位置伺服系统，是飞控系统不可或缺的组成环节，其性能对飞行器的飞行路径和控制精度具有重要影响。随着航空/航天工程的快速发展，对系统提出了高速、高精度、高效率、高可靠性及长寿命等一系列设计和使用要求，机构运动副中普遍存在的间隙及接触碰撞会导致机构出现动态输出振荡、运动精度下降、可靠性和使用寿命降低，甚至功能失效等问题，因此，对于舵面传动系统，不仅要考虑其控制问题，也需同时考虑间隙对其动力学特性的影响。

舵面传动系统由电动舵机和传动机构两个分系统组成，是多变量、强耦合的机电一体化复杂系统。由于电动舵机无需安装液压管，体积小、可靠性高，因此逐渐在航空领域得到青睐。电动舵机作为新型电传动系统之一，主要由电机及其控制器、减速机构和执行机构三部分组成。随着电动舵机对系统性能的要求越来越苛刻，研究间隙、摩擦、弹性变形等非线性因素对系统输出性能的影响非常必要。同时，传动机构作为实现电动舵机和舵面之间运动和动力传递的关键环节，其间隙铰链的碰撞效应易降低舵面输出精度、工作效率并增强噪声及振动。因此，本书建立了舵面传动系统耦合模型，其中不仅考虑了电动舵机执行机构接触刚度、间隙及系统结构刚度等非线性环节，还考虑了传动机构间隙铰链碰撞动力学及刚柔耦合特性。

本书主要内容如下：

① 对比分析了八种法向接触力模型，包括 Hertz 模型和七种非线性弹簧-阻尼接触力模型。以轴和轴承一次碰撞为仿真算例，指出各种模型的优缺点及适用范围。

② 提出了一种含多因素的改进法向接触力模型。该模型可以考虑接触体几何形状、材料特性、轴承轴向尺寸、碰撞过程能量损耗等因素，又不受恢复系数限制并适用于大面积接触碰撞过程。以轴-轴承及含间隙曲柄滑块机构为例，通过理论和实验的对比，验证所建立接触力模型的有效性。

③ 基于提出的改进法向接触力模型，建立了含多个间隙铰链和多个柔性构件的传动机构刚柔耦合动力学模型。分析了系统相关参数，如间隙尺寸、铰链位置、铰链数量及运动模式、驱动速度、构件材料、柔性与间隙耦合作用对舵轴响应的影响规律。

④ 构建了考虑传动链非线性因素的电动舵机仿真模型，研究了执行构件行星滚柱丝杠接触刚度、间隙和电动舵机固定刚度等参数的影响，并对不同位置阶跃指令下的系统响应开展分析，且通过文献验证了该模型的有效性。结合电动舵机模型和含多间隙铰链的传动机构刚柔耦合动力学模型，建立了舵面传动系统动力学耦合模型，分析了行星滚柱丝杠接触刚度、电动舵机固定刚度、行星滚柱丝杠间隙、间隙铰链数量、构件柔性和舵面负载等参数对系统动力学特性的影响。

⑤ 搭建了舵面传动系统试验台，开展了周期矩形脉冲阶跃特性和不同频率下的扫频特性实验。通过与相应实验测试结果的对比分析，验证了本书建立的舵面传动系统动力学耦合模型及各种参数对含多间隙铰链系统动力学特性影响规律的正确性。

通过上述研究工作，以期为飞行器舵面传动系统动力学特性的深入研究奠定良好基础。由于作者水平有限，书中难免存在不足之处，恳请广大读者批评指正。

著　者

目 录

6 / 舵面传动系统动力学实验研究

7 / 总结与展望

1 绪 论

1.1　本书写作背景与意义

随着航空航天技术的发展，飞行器舵面传动系统的结构设计、运动学分析、动力学特性、控制性能研究逐步引起国内外的关注，其被广泛应用于运载火箭、导弹、卫星、各式飞行器等控制领域中[1]。舵面传动系统通常由舵机、传动机构和舵面组成，如图1-1所示，其性能对飞行器的飞行路径和控制精度具有重要影响[2, 3]。

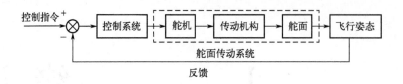

图1-1　舵面传动系统结构组成[3]

如图1-2所示为电动舵机驱动的舵面传动系统结构组成示意图，其由控制器、电机、减速装置、丝杠副、摇臂及舵面等组成。控制器接收飞控计算机发送的舵控指令信号，驱动电机高速旋转，再经过减速装置减速增扭，然后经丝杠副将旋转运动转化为作动杆直线位移输出。由于摇臂将舵面与作动杆通过铰链连接起来，则作动杆的直线运动使得摇臂转动，进而驱动舵面发生偏转[4]。

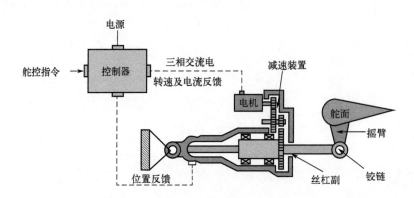

图1-2　电动舵机驱动的舵面传动系统结构组成

舵机是舵面传动系统中重要的组成部分，按驱动方式分为气动、液压、电动三类，其中电动舵机（Electro-Mechanical Actuator，EMA）具有结构简单、传动精度高、易于维修等优点。早期的电动舵机由于输出力矩小而应用范围较窄，但近年来这一限制性得到有效改善，现已逐步替代气动和液压两类舵机，成为未来精确制导飞行器舵机的主流[5]。作为舵面传动系统结构组成中的一部分，电动舵机接收飞控计算机指令，驱动摇臂使得舵面发生偏转，最终实现对飞行器飞行姿态和航行轨迹的精确控制。然而，电动舵机作为电机及驱动器、减速装置和执行机构等多部件组成的系统，势必存在对舵机系统输出特性不利的间隙、摩擦等环节。

传动机构是将电动舵机输出力、力矩传递给舵轴以驱使其发生偏转的中间环节，通常由连杆、摇臂经铰链相互连接而组成。传统的机构动力学分析将连接铰链认为是理想的，即不考虑公差[6]、间隙[7]、摩擦[8]、局部弹性变形[9]、润滑[10]和磨损[11]等因素。然而，在工程实际中，铰链间隙难以避免。一方面，合理的配合间隙设计可以满足相邻构件间的相对运动；另一方面，零件必然存在加工、装配误差，且运动副元素之间的摩擦磨损也会进一步增大间隙[12]。铰链间隙对机械系统会造成许多不利影响：①由于含间隙铰链处的接触碰撞影响，使得机构铰链碰撞力增大，从而会降低机构运动精度、性能、工作效率并产生噪声和振动；②铰链处碰撞力加剧了机构的弹性振动，影响系统输出稳定性；③间隙会加剧运动副元素之间的摩擦和磨损，降低系统工作效率和寿命[13]。

由于铰链间隙接触碰撞而造成航空航天领域发生事故的例子很多，例如：含间隙铰链处产生的非线性接触－碰撞力易导致卫星帆板在振动试验和发射阶段发生故障，继而导致航天器失效而引发航天事故[14]；由于太阳能电池板铰链间隙热变形，Hubble望远镜的活动位置偏离了理想的设计位置[15]；我国DFH-3号卫星帆板由于铰链间隙的影响发生震颤现象[16]。无论间隙有多小，都会导致系统振荡、疲劳、精度不足，甚至出现混沌现象。因此，为了准确分析含铰链间隙多体系统的性能和动力学特性，研究铰链间隙对系统动态响应的影响至关重要，这对抑制间隙导致的振动、冲击、摩擦、磨损等现象具有重要的理论意义和工程应用价值[17]。

根据舵面传动系统的结构组成，飞控指令到达舵面需经过电动舵机和传动机构两个环节，而舵面对指令信号的响应则不仅与电动舵机对指令信号的复现能力有关，且与传动机构的动力学特性相关。因此，针对舵面传动系统的研究，需同时考虑电动舵机系统非线性因素和传动机构碰撞动力学特性，建立系统级模型是全面模拟其实际工作、分析实际性能的有效途径，这对飞行器舵面传动系统的结构设计和性能分析具有重要意义。

1.2 国内外相关领域研究现状

1.2.1 含间隙铰链机构碰撞动力学研究现状

飞行器舵面传动系统中的传动机构具体形式根据具体应用对象而不同，但都可以被视为含铰链的多连杆机构。实际工程应用中，铰链间隙会诱发飞行器出现同步性差、偏转角不足等故障，直接影响飞行器的航行轨迹和姿态控制[13]。因此，考虑铰链间隙对伺服系统性能的影响很有必要。国内外学者对含间隙多体系统的动力学行为进行了大量的研究和分析，应用到空间可展机构[18-28]、卫星双轴定位机构[29-33]、并联机器人机构[34-37]、空气舵传动机构[1, 3, 38, 39]和仿生人体关节[40-45]等领域。

1.2.1.1 非线性接触力建模方法研究现状

Hertz模型[46]是研究弹性非协调接触问题的经典模型，世界各地众多学者在其基础上提出很多修正接触力模型，以弥补其在接触过程中未考虑系统能量损耗这一局限。Kelvin-Voigt模型[47]为首个考虑接触过程系统能量损耗的法向碰撞力模型，但其由于碰撞初始时刻弹性变形量为零却初始碰撞速度不为零的原因使得碰撞力大于零，导致数值积分存在不连续的现象。Hunt和Crossley[48]依据系统能量损耗与阻尼相关的假设，建立了修正接触力模型，该模型中黏滞阻尼因子与初始碰撞速度、恢复系数和接触刚度有关。基于该模型，文献[49-53]研究了铰链间隙对多体系统动力学特性的影响。Lankarani和Nikravesh[54]同样也建立了一种改进接触力模型，该模型与Hunt-Crossley模型形式相似，均是通过与初始碰撞速度、恢复系数、接触刚度等参数相关的黏滞阻尼因子以描述运动副元素接触过程的能量损耗。Lankarani-Nikravesh模型在众多文献中被采用，以模拟含间隙铰链机构的接触碰撞过程[14, 18, 30, 37, 55-59]。例如，Li等基于Lankarani-Nikravesh模型建立了考虑大型可展开太阳能阵列和多个铰链间隙的航天器模型，发现含间隙铰链处碰撞加剧了卫星偏航，并且使得航天器太阳能阵列的振动产生滞后现象[18]。Flores基于Lankarani-Nikravesh模型研究了系统参数，如间隙尺寸、输入曲柄速度和间隙关节数量等，对含多个间隙铰链的平面刚性曲柄滑块机构非线性动力学的影响。结果发现，随着上述系统参数的微小变化，系统响应可能从混沌变为周期性[56, 57]。Xu等提出了一种模拟含非圆形间隙铰链的平面刚性曲柄滑块机构的方法，研究中使用一些潜在的接触点来近似非圆形轴承内边界，并根据Lankarani-Nikravesh接触力模型计算离散点与轴之间的接触力。然而，轴承内边界的离散点数量会影响仿真结果的精度和计算效率[58]。通过Lankarani-Nikravesh模型，郝雪清研究了衬套材料对考虑铰链间隙和摩擦的曲柄滑块机构动态响应的影响[59]。

Flores等发现：与线性Kelvin-Voigt接触模型和Hertz模型相比，使用Lankarani-Nikravesh连续接触力模型获得的结果更准确[60]。但Lankarani-Nikravesh模型在建立过程中是基于恢复系数接近1的假设，表明该模型具有一定的局限性，即其不适用于小恢复系数工况[61, 62]。此外，Gonthier[63]、秦志英[64]、Flores[65]等同样提出了与上述Hunt-Crossley模型和Lankarani-Nikravesh模型形式相似的法向接触力模型，该类模型将在第2章进行对比介绍，此处不再赘述。

基于Hertz接触方程，Hu和Guo提出了考虑了接触过程中压缩阶段和恢复阶段之间能量损失差异的球体与球体间接触力模型。数值结果表明，该模型对恢复系数的整个范围（0~1）有效[66]。Bai和Zhao通过新接触力模型研究了含间隙铰链机构的动力学特性，该新模型结合了Lankarani-Nikravesh模型和改进Winkler弹性基础模型[67, 68]。Wang等建立了一种考虑轴承轴向尺寸的非线性接触力模型，它是非线性接触力与非线性接触刚度的组合，且通过Flores等[69]获得的实验结果验证了所提出模型的数值仿真结果。结果表明，新的非线性接触力模型可以有效地描述平面含间隙铰链机构中间隙尺寸、恢复系数和初始速度系数的影响[70, 71]。Ma等提出了基于Lankarani-Nikravesh模型和弹性基础模型的新接触力模型，得到了曲柄滑块机构的数值仿真结果。研究发现，与Lankarani-Nikravesh模型相比，混合模型的应用领域更宽，可以提供更好的结果，特别是对于小间隙和低恢复系数工况[72]。利用该模型，Ma和Qian分析了考虑多间隙铰链平面刚性曲柄滑块机构的动力学行为。他们观察到一个间隙铰链中的运动类型或模式对另一个铰链的运动具有显著的影响，从而改变机械系统的整体响应。另外，靠近输入连杆的间隙铰链遭受更严重的接触效应，并且需要更高的输入扭矩[73]。Tan等提出了基于Lankarani-Nikravesh模型的新接触力模型，并将其应用于含多间隙铰链曲柄滑块机构的动态响应分析中。分析结果显示，含两个间隙铰链的系统输出特性不是含一个间隙铰链机构响应上的简单叠加，且随着间隙数量的增加，输入曲柄扭矩更大[74]。

动力学软件通常内部集成接触力模型，例如ADAMS软件通过IMPACT函数模拟运动副元素之间的接触碰撞[39]。Gummer对IMPACT函数、Hunt-Crossley模型和Lankarani-Nikravesh模型进行对比分析，指出该三类模型关于接触力随接触深度变化曲线和接触力随时间变化曲线的规律一致，而其中 IMPACT 函数对于大规模含间隙铰链机构的快速求解更加有效[75]。IMPACT 函数模型被众多学者采用以分析含间隙铰链机构动力学行为[9, 20, 76-79]。例如，Chen 针对应用于高速重载压力机的含间隙铰链曲柄滑块机构进行动态分析时，采用 IMPACT 函数模型来描述轴和轴承之间的接触响应。通过对比不同驱动速度下曲柄滑块机构加速度的实验与仿真结果，验证了仿真模型的有效性，此外，还研究了连杆机构柔性、间隙尺寸和曲轴驱动速度对系统输出性能的影响[9]。Zheng 以超精密压力机为研究对象，通过 IMPACT 函数模型建立该对象的多铰链间隙多连杆柔性模型，且考虑了运动副元素之间润滑的因素，并通过动力学响应与试验数据的对比验证了该模型的有效性[77]。Lou 根据 Liu模型和 IMPACT 函数模型提出一种改进模型，以曲柄滑块机构为对象，将该接触力模型用于模拟含间隙铰链的接触碰撞过程，讨论了驱动速度、间隙尺寸和摩擦对机构加速度的影响，并通过实验数据与仿真结果的对比，表明改进模型可以准确描述含间隙铰链机构的动力学特性[80]。

综上，许多学者都对间隙铰链处接触力模型进行了修正，以获得特定应用下最合适的接触力模型。文献[81-84]对 30 种接触力模型进行比较，研究了不同迟滞阻尼模型对接触力的影响，通过比较各种典型接触力模型和摩擦力模型的基本参数和特征性能，得出各模型的优缺点和适用范围。此外，文献[8, 85-88]对比了 21 种摩擦力模型，介绍摩擦过程中出现的 Coulomb 摩擦、黏性摩擦、黏滑运动和 Stribek效应等摩擦现象，讨论各摩擦模型的物理意义和计算特性，为摩擦力模型的选择和所涉及参数的设定提供指导意见。

1.2.1.2　考虑构件柔性的含间隙铰链机构研究现状

许多研究人员通过数值仿真和实验验证分析了构件柔性对含间隙铰链多体系统动力学特性的影响[77, 89-92]。Dubowsky 是研究铰链间隙和柔性对高速连杆铰链作用力水平影响的先驱，证明了连杆的柔性往往会降低间隙铰链作用力[93]。Dubowsky通过理论和实验研究了考虑连杆柔性和铰链间隙的机械系统动态行为，发现铰链间隙会放大构件间的作用力，而引入柔性连杆会显著降低这些冲击力，即减少振动和碰撞程度，并通过实验验证了该项研究的有效性和连杆柔性对碰撞力的缓解作用[89, 94]。Schwab 等研究了考虑间隙铰链和连杆柔性的机构动态响应，提出了一种新的接触力模型以求解铰链间接触力，并表明求解接触力峰值的关键在于所使用的模型，且连杆柔性可以使接触力曲线相对平滑[95]。Erkaya 针对含球形间隙铰链和柔性枢轴的曲柄－滑块机构模型进行了实验研究，以评估间隙铰链和柔性连接对系统输出性能的影响。分析了不同的曲柄速度、间隙尺寸和多柔性枢轴直径等工况下的机构振动行为，发现小枢轴的柔性有助于减少由间隙铰链引起的机构混沌响应[96, 97]。Erkaya和Uzmay还研究了含两个间隙铰链和柔性连杆的平面四杆机构动态响应。使用非线性弹簧－阻尼模型计算含间隙铰链的法向接触力，并且使用Coulomb摩擦模型考虑摩擦效应。他们观察到刚性机构的接触力峰值大于柔性机构的接触力峰值，连杆柔性被证明可以为机构提供阻尼效果[98]。Shiau等研究了连杆柔性对含铰链间隙的3-PRS机构的影响，证明了铰链间隙影响了旋转运动占主导地位的模态形状[99]。结果表明，在某些情况下，固有频率随间隙尺寸变大而降低。此外，铰链接触力也会随摩擦系数和间隙尺寸变大而急剧增加。Dupac和Beale研究了考虑连杆柔性和铰链间隙的平面曲柄－滑块机构的动态响应和稳定性[100]。研究表明，连杆柔性和间隙大小都会影响系统行为。Zhao等以往复式压缩机为对象，通过ADAMS软件分析了如气缸压力、间隙尺寸、驱动速度和连杆柔性等不同参数对系统输出特性的影响[101]。周益君等建立了考虑空间旋转铰链间隙和连杆柔性的空间可展机构的动力学模型，并通过实验进行相关验证，结果表明，径向和轴向间隙在系统动力学行为中起着重要作用，且连杆柔性可有效降低碰撞力幅值[102]。

为了研究构件柔性的影响，Li等利用ADAMS软件构建了含铰链间隙空间可展开机构仿真模型，讨论了间隙、摩擦和柔性等因素对系统输出特性的影响[21]。赵波等提出了关于含连杆柔性和铰链间隙的平面曲柄－滑块机构磨损预测研究[103]。通过使用绝对节点坐标公式来模拟连杆柔性，同时使用连续接触力模型计算间隙铰链处产生的接触力。研究表明，连杆柔性可以弱化铰链间隙带来的负面影响，并且与考虑刚性连杆的仿真结果相比，考虑柔性连杆时的铰链磨损较小。Song等提出了一种模块化的动态建模方法来研究含多个间隙铰链的柔性3-RRR平面并联机器人的动力学，研究发现，当考虑连杆柔性时，移动精度降低，且含柔性杆的机构运动稳定性比仅考虑间隙铰链时更好[104]。尉立肖在Hertz模型的基础上考虑阻尼项以描述铰链处的法向接触力，并通过修正Coulomb摩擦模型计算摩擦力，分析了间隙尺寸、摩擦系数、杆件柔性等参数对曲柄机构动态响应的影响[105]。何柏岩建立了考虑两个铰链间隙和机械臂柔性的系统刚柔耦合模型，以更加真实地描述机械臂系统动力学特性[106]。孙宇等建立了含间隙柔性连杆机构动力学模型，将多体系统的动力学模型和间隙铰链模型相结合，指出柔性可以减弱铰链元素之间的碰撞[107]。姜帅等提出了一种考虑间隙和柔性耦合作用的多连杆机构动力学建模与仿真方法，指出柔性可以有效降低机构动态响应峰值，但会增加响应振动频率[108]。沈迎咏等建立了含柔性面板和间隙铰链的太阳能电池阵列系统动力学模型，通过多重展开和锁定过程模拟，表明柔性与间隙耦合产生的等效悬架阻尼特性可以降低可展开部件的振动[109]。

此外，含间隙机构动力学研究还涉及考虑磨损[110-114]、润滑[115-118]、不确定性参数[119-121]的影响和机构优化控制[122-125]等方面的内容。目前，铰链间隙对舵面传动系统动力学特性影响的研究较为缺乏，尤其针对构件柔性及材料、多间隙铰链相互作用和运动组合模式、驱动速度等因素对舵面传动系统动力学特性的研究较少。

1.2.2 电动舵机研究现状

舵机按驱动方式有气动、液压和电动三种[5]。液压舵机目前被广泛应用于飞控领域中[126]，但也因为结构复杂、成本高、易漏油等缺点成为飞控系统的薄弱环节[127]。随着多电/全电飞机的发展，功率电传作动器将逐步取代气压和液压舵机[128]。功率电传作动器中电动舵机以其没有液压油源、便于维护和结构紧凑等优点，能更好地适应多电/全电飞机的发展需求[129, 130]，并在诸多型号的飞行器上得到应用[5, 131]（图1-3）。

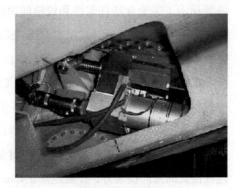

(a)美国X-37B   (b)X-37B中电动舵机

图1-3 美国X-37B飞行器及其电动舵机

伺服电机响应频率高、调速范围宽、过载能力强，是电动舵机的关键部件，其分类包括永磁无刷电机、感应电机、步进电机和开关磁阻电机等，其中永磁无刷电机应用最为广泛[132, 133]。无刷电机按逆变器输出的电压或电流形式不同可以分为无刷直流电机与永磁同步电机，其中永磁同步电机采用逆变器运用SVPWM技术产生正弦电压或电流信号，具有输出力矩平滑、控制精度高的特点[131, 134]。

传统电动舵机中执行构件多为滚珠丝杠，通过其旋转变直线的运动形式驱动负载。此外，还存在另一种执行构件——行星滚柱丝杠，基于该类执行构件的电动舵机刚度高、功率密度大、承载能力强，在飞行器高速机动时不会卡死，提高了系统的可靠性[131]。

电动舵机是多变量、强耦合的机电一体化复杂系统，由控制和机械两个分系统组成[135]。控制系统中绕组由于电机与逆变器的自感、互感导致电压分布不平衡、输出性能降低[135]。机械系统往往存在间隙、摩擦、弹性变形等非线性问题[136, 137]，间隙使系统响应产生相位滞后、谐振、精度降低、稳定性变差[138]；摩擦则使得系统产生稳态误差和极限环，限制系统带宽。间隙模型主要有迟滞模型[139]、死区模型[140]、振-冲模型[141]等，摩擦模型包括Stribeck模型、LuGre模型、Karnopp模型等[142, 143]。随着电动舵机对响应特性的要求越来越苛刻，研究非线性因素对机电系统输出性能的影响非常必要。

国内外针对电动舵机非线性因素建模及分析开展了广泛研究。法国图卢兹大学Maré教授和北京航空航天大学付永领团队利用功率键合图方法，针对电动舵机进行间隙、摩擦、柔性等参数建模与热、故障等因素分析，包括模型初步设计、虚拟原型设计和模型验证等一系列流程，旨在提高电动舵机基于模型的开发和集成的实际效率[144-149]。Merzouki等建立了电动舵机机械传动部分的扰动模型，考虑了间隙、摩擦及弹性变形的影响，并通过自适应算法以提高控制性能[150]。李建明以电动舵机空气舵为研究对象，建立了考虑负载、永磁同步电机和传动机构的多非线性因素方程[151]。乔冠以舵回路系统中电动舵机为研究对象，分析了电动舵机间隙、摩擦和结构刚度等对系统输出特性的影响[4]。张明月针对应用于某型导弹的滚珠丝杠电动舵机系统，讨论了间隙、摩擦、弹性变形的影响，并提出了改进的自抗扰控制器以满足舵机静、动态性能要求[152]。

通过建立考虑多非线性因素叠加作用的电动舵机动力学模型，有助于真实模拟舵机作动过程中的动态性能和输出特性。以飞控电动舵机为研究对象，建立考虑多非线性因素的系统级仿真模型并探讨其对系统动力学特性的影响是本书的关注重点。

1.2.3 舵面传动系统研究现状

飞行器精确制导和姿态精准控制的关键环节是舵面传动系统的设计。飞行器舵面传动系统的研究涉及自控原理、舵面结构设计、气动载荷模拟、机械结构设计等诸多领域[153]。目前，国内外研究主要集中于如何改进舵面传动系统中舵机的控制算法。

工程实践中，PID算法依然是研究热点且被广泛应用。聂磊以无人机电动舵机系统为目标，通过设计PID算法以达到系统在时域和频域上较好的响应特性，且该控制算法可以使系统的各项指标满足要求[154]。和江等采用模糊神经网络PID控制算法对某导弹进行控制，控制效果显著提升[155]。Yang针对电动舵机系统鲁棒性差、控制精度低的问题，提出了基于模糊PID和自抗扰控制的复合算法，该算法使舵机响应可以较好地跟踪指令[156]。随着科学技术的不断发展进步和高性能处理件的出现，逐渐产生诸多新型控制结构及非线性控制策略，例如：鲁棒控制方法[157, 158]、滑膜控制方法[159]、模糊控制算法[160]、神经网络算法[161]等。

关于舵面传动系统动力学方面，李忠洪建立了含间隙铰链空气舵传动机构的静态和动态接触力模型，但其在建模过程中假设舵机沿推杆理想移动，并未考虑舵机非线性因素对传动机构输出特性的影响[1]。郭嘉楠等提出了一种适用于旋转铰微小间隙的接触力模型，开展了微铰间隙飞行器电动舵机系统动力学特性研究和试验验证工作[162]。李云涛针对铰链处元素接触特性进行静态和动态分析，同时，利用Simulink软件建立了舵机电气模型，但并未讨论舵机与传动机构的耦合影响[39]。梁建等建立了电动舵机传动机构刚柔耦合模型和基于经典PID控制算法的电动舵机控制系统Simulink模型，重点研究了摇臂、丝杠变形对系统动态性能的影响。结果表明，构件柔性较刚性而言更能有助于提高系统的稳定性[163]。

随着航空航天技术的快速发展，各式飞行器对舵面传动系统性能要求越来越高，其动力学特性方面的研究也被逐渐重视，这就需要考虑舵机传动链非线性环节和传动机构碰撞动力学、刚柔耦合特性之间相互耦合的问题。

1.3 现有研究中存在的问题

上述国内外研究者在含间隙铰链机构非线性接触力建模、考虑构件柔性的含间隙铰链机构分析以及电动舵机非线性因素建模分析等方面的研究中，存在以下不足：

① 传统Hertz接触模型、Lankarani-Nikravesh法向接触力模型和其他改进模型中接触刚度系数为仅与接触元素的基本尺寸和材料相关的定值。但实际接触碰撞过程中，接触刚度会随着接触元素间发生弹性变形而产生变化，从而定刚度模型无法真实模拟含间隙铰链接触情况。因此，建立一个与碰撞体材料、几何特性、间隙尺寸、接触深度和接触状态相关的接触力模型非常必要。

② Lankarani-Nikravesh法向接触力模型及其改进模型因建模过程中的假设条件，使得该类模型适用于大间隙、小载荷，且恢复系数接近1的非协调性接触情况。但由于舵面传动系统应用场合的特殊性，其铰链具有小间隙、大力载、接触区域较大的特点，因此需要建立一个不受恢复系数限制且适用于大面积接触碰撞过程的接触力模型。

③ 众多文献分析了间隙尺寸、构件柔性对含间隙铰链机构动力学的影响，但分析铰链间隙影响传动机构动力学特性的内在机理、辨析轴在轴承内的运动模式、研究运动模式和多个铰链相互作用之间的内在联系、分析构件柔性和铰链间隙的共同作用对系统动力学特性的影响规律等方面的研究工作较少。

④ 基于传统建模方法的舵面传动系统中常常对电动舵机和传动机构两个分系统进行了简化。本书研究的电动舵机驱动的舵面传动系统主要由永磁同步电机、行星滚柱丝杠、作动杆、辅助摇臂、辅助连杆、摇臂等组成，舵机系统的非线性因素建模和传动机构的碰撞动力学及刚柔耦合特性都是决定舵面传动系统准确跟踪飞控系统位置信号能力的关键因素。因此，建立综合考虑电动舵机非线性因素和传动机构碰撞动力学及刚柔耦合特性的舵面传动系统联合仿真模型很有必要。

1.4　本书主要研究内容

飞行器舵面传动系统的研究涉及机械结构设计、自控原理、舵面气动载荷模拟等诸多领域，通常由舵机、传动机构和舵面组成。本书针对上述现有研究中存在的问题，根据舵面传动系统的特征，建立了考虑电动舵机系统非线性因素和传动机构铰链间隙碰撞动力学及刚柔耦合特性的系统联合仿真模型，为工程设计初始阶段快速有效完成系统动力学特性分析提供了有效手段。本书的主要研究内容如下：

第1章首先介绍了本书的写作背景及意义，然后针对非线性接触力建模方法、考虑构件柔性的含间隙铰链机构、电动舵机分类及动态特性研究、舵面传动系统控制算法及动力学研究等现状进行综述，最后总结了现有研究中存在的问题。

第2章阐述了三种间隙描述方法，建立了间隙铰链的矢量模型，以更好地模拟轴与轴承间的相对运动关系及相对位置变化。对比分析了现有的八种接触力模型，包括无阻尼Hertz接触力模型、含阻尼Hunt-Crossley模型、Lankarani-Nikravesh模型及各种改进接触力模型，并以含间隙铰链中轴和轴承的一次碰撞为例，对不同恢复系数下的接触力模型进行仿真对比，探讨其适用范围。此外，介绍了与材料恢复系数无关且被众多学者广泛采用的IMPACT函数接触力模型和含间隙铰链多体系统动力学方程。最后，提出了适用于舵面传动系统回转铰链的改进非线性接触力模型，并通过该模型在不同间隙尺寸、恢复系数、初始碰撞速度和轴承轴向尺寸等各种工况下的仿真结果及与文献实验结果的对比分析，验证了改进接触力模型的合理性。

第3章首先基于改进接触力模型，针对曲柄滑块机构，对比了连杆与滑块铰链间隙不同尺寸工况的数值仿真结果和实验结果，验证了多体动力学仿真软件ADAMS自定义接触力子程序方法的可靠性。然后，将所提出的改进接触力模型引入传动机构动力学模型中，通过数值仿真，详细讨论了间隙尺寸、铰链位置、铰链数量及运动模式对系统刚体动力学响应的影响。其次，考虑辅助摇臂、辅助连杆和摇臂的弹性变形，建立其有限元模型并将其引入传动机构刚体动力学模型中以建立系统刚柔耦合模型，分析了不同驱动速度和构件材料对系统输出的影响。最后，分析了构件柔性和铰链间隙的共同作用对系统动力学行为的影响，对比了单间隙铰链下柔性体数量影响、单柔性体下间隙铰链数量影响和多柔性体多间隙耦合影响的仿真结果。

第4章以电动舵机为研究对象，首先介绍其内部结构组成，即主要由电机及控制器、减速机构和执行机构等组成。然后分别建立了永磁同步电机、$i_d = 0$电流矢量控制、执行构件——行星滚柱丝杠机械传动部件的仿真模型，并讨论了传动链中行星滚柱丝杠接触刚度、间隙和电动舵机固定刚度等非线性因素对舵机响应的影响。其次，分析了不同位置阶跃指令下的电动舵机位移响应和电机响应。最后，通过与文献的对比，验证了本章所建立模型的有效性。

第5章结合第3章建立的传动机构动力学模型和第4章建立的电动舵机仿真模型，通过定义输入输出接口来完成模型间的变量信息交互，弥补单一模型建模时对一部分因素进行简化的不足，最终建立可以同时考虑传动机构动力学模型中铰链间隙、构件柔性及负载力矩和电动舵机模型中永磁同步电机、矢量控制、行星滚柱丝杠非线性特性等多因素的舵面传动系统联合仿真模型。依据该模型，探讨了行星滚柱丝杠接触刚度和间隙、电动舵机固定刚度、不同间隙铰链数量、构件柔性、舵面载荷等因素对舵轴输出特性的影响规律。

第6章搭建了舵面传动系统试验台，进行了矩形脉冲阶跃特性和不同驱动频率下的扫频特性实验，并通过仿真结果和实验结果的对比，验证了所建立的舵面传动系统耦合模型的有效性及多参数影响规律分析结果的正确性。

第7章总结本研究工作和阐述创新之处，指出现有研究存在的不足，并针对含多间隙铰链舵面传动系统未来的研究方向进行了展望。

2 含间隙铰链机构碰撞动力学建模理论方法研究

2.1 概述

铰链对传动机构实现转动至关重要，而铰链间隙的存在是必然的，其会使得接触元素产生冲击碰撞效应。因此，正确合理地描述间隙和对铰链接触碰撞力进行适当建模，可以为准确分析间隙铰链对传动机构动力学特性的影响奠定基础。本章介绍了间隙描述方法和间隙铰链的数学模型。以轴和轴承一次碰撞为例，对Hertz模型、定刚度系数的Hunt-Crossley模型、Lankarani-Nikravesh模型、Gonthier模型、秦志英模型、Flores模型和变刚度系数的白争锋模型、王旭鹏模型进行仿真对比，得到各模型的优缺点及适用范围。此外，介绍了与材料恢复系数无关的IMPACT函数接触力模型。

由于舵面传动系统中铰链具有小间隙、大力载、接触区域较大的特点，且接触刚度随接触深度的变化而时刻变化，因此，建立一种适用于舵面传动系统回转铰链的非线性法向接触力模型非常必要。根据上述Hertz接触力模型和七种非线性弹簧-阻尼接触力模型的对比，提出了适用于舵面传动系统回转铰链的改进接触力模型，并通过与几种非线性接触力模型的仿真对比和基于文献中曲柄滑块机构的仿真算例验证，表明改进接触力模型的合理性。

2.2 含间隙铰链机构动力学建模方法

2.2.1 间隙描述方法

旋转铰间隙描述方法主要有：无质量杆方法[164]、弹簧-阻尼方法[165]和碰撞铰方法[166]。表2-1对三类间隙描述方法进行了对比，其中碰撞铰方法更适用于铰链元素接触碰撞过程的描述。

表2-1 三类旋转铰间隙描述方法对比

描述方法	示意图	间隙处理方法	优点	缺点
无质量杆方法[164]	间隙杆	假设轴与轴承连续接触；将间隙等效为一等长度无质量杆	建模简单，易于求解	未考虑轴–轴承间接触表面的弹性变形和接触力

描述方法	示意图	间隙处理方法	优点	缺点
弹簧–阻尼方法[165]		将间隙视为弹簧阻尼元件	较无质量杆方法更贴近运动副实际运动	未考虑碰撞过程中能量转换；难以确定弹簧与阻尼器参数
碰撞铰方法[166]		将轴和轴承视为两个弹性碰撞体	考虑了碰撞过程的表面弹性变形和能量损耗	计算耗时

2.2.2 间隙铰链数学模型

通过间隙铰链矢量模型以更加直观地描述和模拟轴与轴承之间的相对运动关系和相对位置变化。间隙铰链矢量模型如图2-1所示，其中 C_B、C_J 分别为轴承、轴中心，XOY 为广义坐标系，c 为铰链间隙，间隙矢量 e 可表示为：

$$e = r_B^O - r_J^O \qquad (2-1)$$

式中　　r_B^O —— XOY 坐标系下 C_B 的位置矢量；
　　　　r_J^O —— XOY 坐标系下 C_J 的位置矢量。

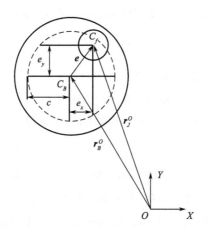

图2-1　间隙铰链矢量模型

e 为偏心距，其数值为间隙矢量 e 的模，可表示为：

$$e = \sqrt{e_x^2 + e_y^2} \tag{2-2}$$

根据式（2-1）和式（2-2），可求得轴与轴承碰撞时接触点的法向量 n，如图 2-2 所示，该法向量 n 的表达式为：

$$n = e / e \tag{2-3}$$

将法向量 n 逆时针旋转 90° 即可求得接触点的切向量 t。

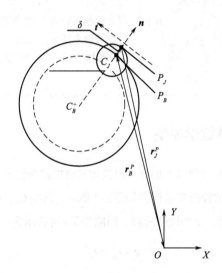

图 2-2   间隙铰链处碰撞模型

图 2-2 中 P_B 为轴承接触点，P_J 为轴接触点，δ 表示弹性变形量，其表达式为：

$$\delta = r_B^P - r_J^P \tag{2-4}$$

式中 r_B^P —— 接触时 XOY 坐标系下 P_B 的位置矢量；

r_J^P —— 接触时 XOY 坐标系下 P_J 的位置矢量。

δ 为弹性变形量矢量 δ 的模，可通过偏心距 e 和间隙 c 表示为：

$$\delta = e - c \tag{2-5}$$

通过弹性变形量 δ 的状态判断铰链中轴与轴承二者之间关系：①当偏心距 e 小于间隙 c 时，$\delta < 0$，接触力为 0，轴在轴承内自由运动，轴处于自由运动状态；②当偏心距 e 大于间隙 c 时，$\delta > 0$，轴与轴承发生接触碰撞，轴处于连续接触状态，接触力平稳波动；③当 δ 从负值变为正值时，轴与轴承逐渐接近，$\delta = 0$ 时，二者产生碰撞,接触力呈脉冲式波动,当碰撞时刻结束后,轴既有可能在轴承内自由运动,也有可能与轴承产生连续接触;④当 δ 从正值变为负值时,轴与轴承逐渐分离,轴由连续接触状态转变为自由运动状态。

为了更加准确地分析含间隙铰链多体系统的动力学特性,还需要求解接触点的碰撞速度,以计算间隙铰链在接触碰撞过程中的能量损失,其表达式为:

$$v_n = (\dot{\delta})^{\mathrm{T}} \boldsymbol{n} \tag{2-6}$$

$$v_t = (\dot{\delta})^{\mathrm{T}} \boldsymbol{t} \tag{2-7}$$

式中　v_n —— 接触点法向碰撞速度;

　　　v_t —— 接触点切向碰撞速度。

2.2.3　间隙铰链接触力模型对比

2.2.3.1　法向接触力模型

建立间隙铰链处轴与轴承之间的接触力模型对准确分析铰链间隙对多体系统动力学影响至关重要,下面将分述几种典型的法向接触力模型,并通过轴和轴承一次碰撞进行仿真分析比较。轴-轴承参数和仿真初始条件如表2-2所示。

表2-2　轴-轴承参数和仿真初始条件

项目	数值	单位	项目	数值	单位
轴承半径	10	mm	轴半径	9.9	mm
轴承/轴弹性模量	207	GPa	轴承/轴泊松比	0.3	—
轴承轴向尺寸	15	mm	轴质量	1	kg
初始碰撞速度	0.5	m/s	恢复系数	0.8	—

(1) Hertz接触力模型 [46]

Hertz接触力模型通过一个非线性弹簧模型来模拟间隙铰链处的接触碰撞,将接触力 F_n 和接触深度 δ 的幂函数联系起来,其表达式为:

$$F_n = K\delta^n \tag{2-8}$$

式中　δ —— 轴与轴承的相对接触深度;

　　　K —— 与两接触体材料和接触表面几何特性相关的广义接触刚度;

n —— 非线性力指数，其中 n 对于金属材料通常取 1.5。

广义接触刚度 K 可以表示为：

$$K = \frac{4}{3} E^* \left(\frac{R_B R_J}{R_B - R_J} \right)^{0.5} \qquad (2-9)$$

$$E^* = \left(\frac{1-v_B^2}{E_B} + \frac{1-v_J^2}{E_J} \right)^{-1} \qquad (2-10)$$

式中　E^* —— 等效弹性模量；

　R_B，R_J —— 轴承和轴的半径；

　E_B，E_J —— 轴承和轴的弹性模量；

　v_B，v_J —— 轴承和轴的泊松比。

由图 2-3 可知，Hertz 接触力模型计算的接触力与接触深度在接触和分离的过程中是相互对称的；接触力随接触深度呈非线性变化，当接触深度达到最大时，接触力最大，接触速度为 0；轴与轴承分离时相对速度与二者初始相对碰撞速度相等，其原因为 Hertz 接触力模型未考虑接触阶段和恢复阶段之间的能量耗散差异。

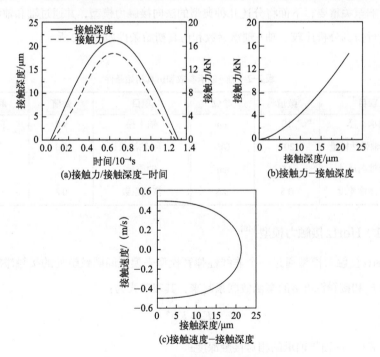

(a) 接触力/接触深度-时间

(b) 接触力-接触深度

(c) 接触速度-接触深度

图 2-3　Hertz 接触力模型[46]仿真结果

（2）Hunt-Crossley 接触力模型 [48]

为了能够更加真实地模拟间隙铰链处的接触碰撞，Hunt 和 Crossley 基于 Hertz 接触理论考虑了接触过程中两弹性体压缩阶段和恢复阶段之间的能量损失差异，建立了由纯弹性 Hertz 定律与非线性黏弹性元素相结合的非线性弹性阻尼模型，其接触力可以表示为：

$$F_n = K\delta^n + \chi\delta^n\dot{\delta} \tag{2-11}$$

式中　　K，δ，n——定义与式（2-8）相同；

　　　　$\dot{\delta}$——轴和轴承间的相对碰撞速度；

　　　　χ——黏滞阻尼因子，其表达式为：

$$\chi = \frac{3(1-c_r)}{2}\times\frac{K}{\dot{\delta}^{(-)}} \tag{2-12}$$

式中　　c_r——恢复系数；

　　　　$\dot{\delta}^{(-)}$——初始碰撞速度。

将式（2-12）代入式（2-11），则 Hunt-Crossley 接触力模型可表示为：

$$F_n = K\delta^n\left[1+\frac{3(1-c_r)}{2}\times\frac{\dot{\delta}}{\dot{\delta}^{(-)}}\right] \tag{2-13}$$

由图 2-4 可知，由于计及轴与轴承在接触阶段和恢复阶段二者之间的能量耗散，Hunt-Crossley（H-C）接触力模型计算的接触力与接触深度在接触和分离的过程是非对称的，在碰撞过程中消耗的能量可通过图 2-4（b）中接触和分离阶段包含的封闭环区域反映；在初始条件相同的情况下，一次碰撞中，Hertz 模型较 Hunt-Crossley 模型计算得到的最大接触力、最大接触深度、分离速度大且完成一次碰撞的时间少，其原因在于 Hunt-Crossley 模型通过黏滞阻尼因子计入了碰撞过程中的能量损耗；Hunt-Crossley 接触力模型中接触力达到最大的时刻与接触深度达到最大的时刻并不重合，其原因在于接触力不仅与接触深度相关，也受接触速度影响。

（3）Lankarani-Nikravesh 接触力模型 [54]

基于 Hunt-Crossley 模型，Lankarani 和 Nikravesh 将接触碰撞过程的能量损耗认为是材料阻尼引起的，并将碰撞过程的能量损耗定义为：

$$\Delta E = \frac{1}{2}m_e\dot{\delta}^{(-)2}(1-c_r^2) \tag{2-14}$$

式中 m_e——等效质量，$m_e = m_B m_J / (m_B + m_J)$，其中，$m_B$ 和 m_J 分别为轴承和轴质量。

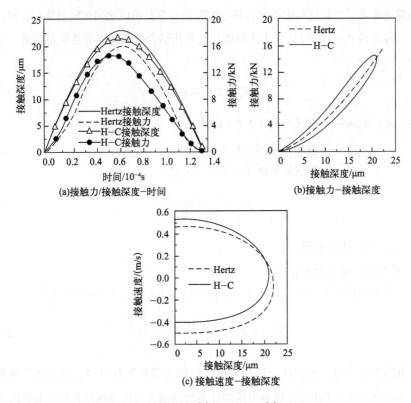

(a)接触力/接触深度-时间

(b)接触力-接触深度

(c)接触速度-接触深度

图2-4 Hunt-Crossley 模型[48]与 Hertz 模型[46]仿真结果对比

假设碰撞压缩阶段和恢复阶段材料阻尼特性一致，则黏滞阻尼因子可通过式（2-15）推导获得：

$$\Delta E = \oint \chi \delta^n \dot{\delta} d\delta \approx 2 \int_0^{\delta_{max}} \chi \delta^n \dot{\delta} d\delta = \frac{2}{3} \times \frac{\chi}{K} m_e \dot{\delta}^{(-)3} = \frac{1}{2} m_e \dot{\delta}^{(-)2} (1 - c_r^2) \qquad （2-15）$$

$$\chi = \frac{3(1 - c_r^2)}{4} \times \frac{K}{\dot{\delta}^{(-)}} \qquad （2-16）$$

则 Lankarani-Nikravesh 接触力模型表达式如式（2-17）所示，该模型被国内外众多学者采用以分析含间隙铰链机构的碰撞动力学特性。

$$F_n = K \delta^n \left[1 + \frac{3(1 - c_r^2)}{4} \times \frac{\dot{\delta}}{\dot{\delta}^{(-)}} \right] \qquad （2-17）$$

由图2-5可知，Lankarani-Nikravesh（L-N）接触力模型得到的"接触力-时间"曲线、"接触深度-时间"曲线、"接触力-接触深度"曲线、"接触速度-接触深度"曲线与Hunt-Crossley（H-C）接触力模型得到的结果非常相似，黏滞环形状几乎相同，其原因在于Lankarani-Nikravesh模型和Hunt-Crossley模型二者接触力表达式中刚度系数相同，黏滞阻尼因子结构形式相似。

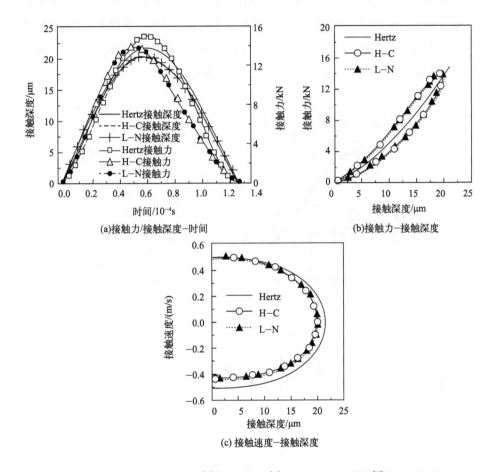

(a)接触力/接触深度-时间

(b)接触力-接触深度

(c)接触速度-接触深度

图2-5 Lankarani-Nikravesh模型[54]与Hertz模型[46]、Hunt-Crossley模型[48]仿真结果对比

（4）Gonthier接触力模型[63]

Hunt-Crossley模型和Lankarani-Nikravesh模型是基于点接触理论建立的，仅适用于接触区域与接触体相比非常小的情况，当接触体之间为线接触或面接触时则不再适用。而Gonthier模型可以克服该局限性，在较大面积的接触中数值解准确性高，且适用于软材料与硬材料的接触[167, 168]。Gonthier接触力模型的表达式为：

$$F_n = K\delta^n \left[1 + \frac{1-c_r^2}{c_r} \times \frac{\dot{\delta}}{\dot{\delta}^{(-)}} \right] \qquad (2-18)$$

由 Gonthier 接触力模型计算得到的"接触力-时间"曲线、"接触深度-时间"曲线、"接触力-接触深度"曲线、"接触速度-接触深度"曲线如图2-6所示。仿真结果曲线趋势与 Lankarani-Nikravesh 模型类似,但 Gonthier 模型的黏滞环面积比 Lankarani-Nikravesh 模型中接触和分离阶段包含的封闭环区域面积大,即表明同样的初始参数下 Gonthier 模型在计算接触体接触碰撞过程中消耗的能量更大,Gonthier 模型黏滞阻尼因子比 Lankarani-Nikravesh 模型的黏滞阻尼因子更大。

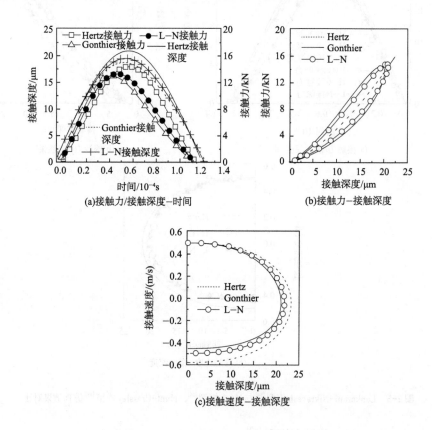

图2-6　Gonthier 模型[63]与 Hertz 模型[46]、Lankarani-Nikravesh 模型[54]仿真结果对比

（5）秦志英接触力模型[64]

秦志英接触力模型克服了 Lankarani-Nikravesh 模型仅适用于大恢复系数的局限性,将黏滞阻尼因子进行修正,得到接触力模型为:

$$F_n = K\delta^n \left[1 + \frac{3(1 - c_r^2)}{4} \frac{\mathrm{e}^{2(1 - c_r)}}{} \times \frac{\dot{\delta}}{\dot{\delta}^{(-)}} \right] \qquad (2-19)$$

由秦志英接触力模型计算得到的"接触力-时间"曲线、"接触深度-时间"曲线、"接触力-接触深度"曲线、"接触速度-接触深度"曲线如图2-7所示。秦志英模型仿真结果曲线与Gonthier模型的结果非常相似,但秦志英模型在恢复阶段时的分离速度(-0.389 m/s)比Gonthier模型(-0.380 m/s)更接近于理想分离速度(-0.4 m/s)。

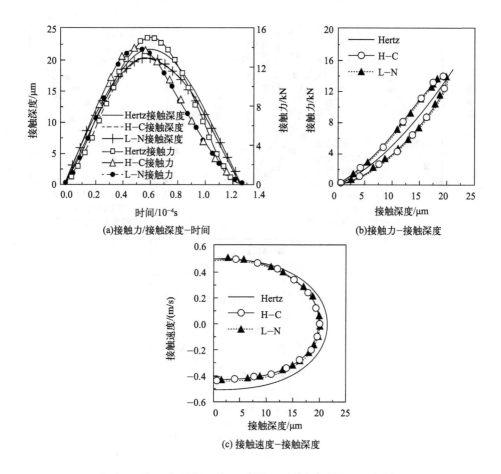

(a)接触力/接触深度-时间

(b)接触力-接触深度

(c)接触速度-接触深度

图2-7 秦志英模型[64]与Hertz模型[46]、Gonthier模型[63]仿真结果对比

(6)Flores接触力模型[65]

Flores接触力模型基于接触体之间的能量守恒与线动量平衡分别求出压缩阶段和恢复阶段的能量损失[169]。Flores接触力模型表达式为:

$$F_n = K\delta^n \left[1 + \frac{8(1-c_r)}{5c_r} \times \frac{\dot{\delta}}{\dot{\delta}^{(-)}}\right] \qquad (2\text{-}20)$$

由 Flores 接触力模型计算得到的"接触力-时间"曲线、"接触深度-时间"曲线、"接触力-接触深度"曲线、"接触速度-接触深度"曲线如图2-8所示。Flores 接触力模型仿真结果曲线与秦志英模型几乎完全相同，这两种模型均不受恢复系数大小的限制。

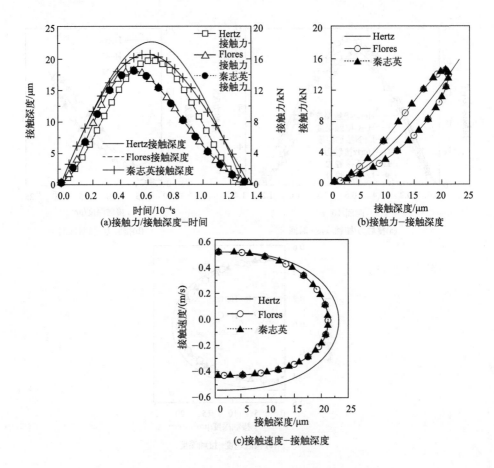

(a)接触力/接触深度-时间

(b)接触力-接触深度

(c)接触速度-接触深度

图2-8 Flores模型[65]与Hertz模型[46]、秦志英模型[64]仿真结果对比

（7）白争锋接触力模型[170]

白争锋基于Lankarani-Nikravesh模型和改进的弹性基础模型[62]，建立了一种考虑非线性刚度系数的接触力模型，该模型适用于求解不同间隙、不同载荷、不同恢

复系数下的接触碰撞过程。白争锋接触力模型表达式为：

$$F_n = K_{\text{mod}}\delta^n \left[1 + \frac{3\left(1-c_r^2\right)\ e^{2(1-c_r)}}{4} \times \frac{\dot{\delta}}{\dot{\delta}^{(-)}} \right] \quad (2-21)$$

式中 K_{mod} —— 非线性刚度系数，其表达式为：

$$K_{\text{mod}} = \frac{1}{8}\pi E^* \sqrt{\frac{2\delta\left[3\left(R_B - R_J\right) + 2\delta\right]^2}{\left(R_B - R_J + \delta\right)^3}} \quad (2-22)$$

由图2-9可知，白争锋接触力模型仿真结果为具有黏滞环的接触–恢复封闭曲线，但其计算结果与Hertz结果差异较大。由于白争锋模型和秦志英模型中的黏滞阻尼因子相同，对比二者可知：白争锋模型计算的最大接触深度（26.263 μm）大于秦志英模型得到的最大接触深度（19.327 μm）；白争锋模型"接触速度–接触深

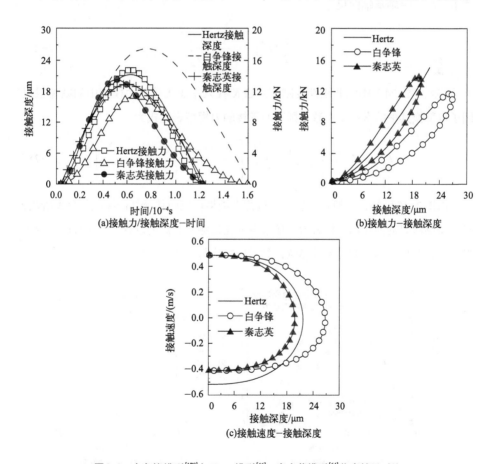

图 2-9　白争锋模型[170]与Hertz模型[46]、秦志英模型[64]仿真结果对比

度"曲线图可包围秦志英模型"接触速度－接触深度"曲线图，即表明在相同的接触深度下前者的接触速度大于后者；白争锋模型计算的最大接触力（11.339 kN）小于秦志英模型得到的最大接触力（13.473 kN）；根据式（2-19）和式（2-21）知，白争锋模型中的非线性变刚度系数较小。

（8）王旭鹏接触力模型[13]

王旭鹏基于改进的弹性基础模型，引入轴承轴向尺寸，假设改进的非线性刚度 K_i 满足弹性变形力，即：

$$\frac{\pi}{2}LE^*\delta^n\left[\frac{1}{2(\Delta R+\delta)}\right]^{0.5}=K_i\delta^n \tag{2-23}$$

式中　L —— 轴承轴向尺寸。

$$K_i=\frac{\pi}{2}LE^*\left[\frac{1}{2(\Delta R+\delta)}\right]^{0.5} \tag{2-24}$$

将式（2-24）中的非线性变刚度系数 K_i 代入秦志英接触力模型中的黏滞阻尼因子以替换其中的常刚度系数，则王旭鹏接触力模型表达式为：

$$F_n=\frac{\pi}{2}LE^*\delta^n\left[\frac{1}{2(\Delta R+\delta)}\right]^{0.5}\left[1+\frac{3(1-c_r^2)\ \mathrm{e}^{2(1-c_r)}}{4}\times\frac{\dot{\delta}}{\dot{\delta}^{(-)}}\right] \tag{2-25}$$

由图2-10可知，王旭鹏接触力模型仿真结果可反映接触体的接触与分离阶段，且由于黏滞阻尼的作用，接触力与接触深度在接触和分离的过程是非对称的，由于考虑了轴向尺寸的变刚度系数影响，黏滞环曲线与前述模型略有不同。

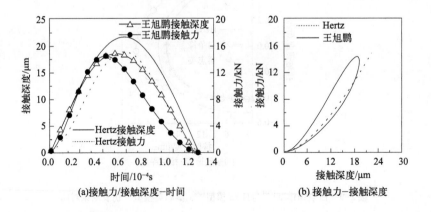

(a)接触力/接触深度－时间　　　　(b) 接触力－接触深度

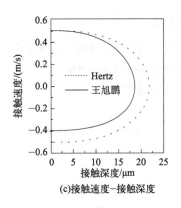

(c)接触速度–接触深度

图 2-10 王旭鹏模型[13] 与 Hertz 模型[46] 仿真结果对比

恢复系数用于描述在碰撞过程中多体系统的能量耗散，假定其在低速或中速碰撞过程中恒定不变[171]。由于恢复系数在整个 0~1 范围内不同的接触力模型会表现出不同的动力学行为[82]，因此，借鉴文献[66，172]中恢复系数的范围，在不同的恢复系数（0.8、0.5 和 0.2）下，以轴和轴承一次碰撞进行仿真计算，揭示恢复系数大小对基于上述八种模型的含间隙轴-轴承铰链动力学响应的影响，仿真算例参数如表 2-3 所示，不同恢复系数工况下的仿真结果如表 2-4 和图 2-11~图 2-13 所示。

表 2-3 不同恢复系数下的法向接触力模型对比仿真算例参数

项目	数值	单位	项目	数值	单位
轴承半径	10	mm	轴半径	9.9	mm
轴承/轴弹性模量	207	GPa	轴承/轴泊松比	0.3	—
轴承轴向尺寸	15	mm	轴质量	1	kg
初始碰撞速度	0.5	m/s	恢复系数	0.8/0.5/0.2	—

表 2-4 为不同恢复系数下基于八种法向接触力模型的含间隙铰链机构动力学响应结果，包括最大接触力、最大接触深度、碰撞结束时轴分离速度、碰撞过程中实际恢复系数及恢复系数误差等。其中，实际恢复系数定义为轴分离速度与轴初始碰撞速度之比，如式（2-26）所示[70]。

$$c'_r = -\frac{\dot{\delta}^{(+)}}{\dot{\delta}^{(-)}} \qquad 0 \leqslant c'_r \leqslant 1 \qquad （2-26）$$

式中 c_r' —— 实际恢复系数；

$\dot{\delta}^{(+)}$ —— 轴与轴承在一次碰撞后的轴分离速度；

$\dot{\delta}^{(-)}$ —— 轴与轴承的初始相对碰撞速度。

此外，恢复系数误差定义为[70]：

$$\text{error} = \left| \frac{c_r' - c_r}{c_r} \right| \times 100\% \tag{2-27}$$

式中 c_r —— 恢复系数。

表2-4 不同恢复系数下的八种法向接触力模型仿真数据

恢复系数	模型	最大接触力		最大接触深度		分离速度 / (m/s)	实际恢复系数	恢复系数误差
		幅值 /kN	时刻 /10^{-4} s	幅值 / μm	时刻 /10^{-4} s			
0.8	Hertz[46]	14.736	0.625	21.207	0.625	−0.5	1	25%
	H−C[48]	13.636	0.532	19.737	0.588	−0.416	0.832	4%
	L−N[54]	13.704	0.532	19.862	0.588	−0.424	0.848	6%
	Gonthier[63]	13.416	0.476	19.148	0.588	−0.384	0.768	4%
	秦志英[64]	13.473	0.504	19.327	0.588	−0.394	0.788	1.5%
	Flores[65]	13.478	0.504	19.338	0.588	−0.394	0.788	1.5%
	白争锋[170]	11.339	0.684	26.263	0.756	−0.394	0.788	1.5%
	王旭鹏[13]	14.104	0.468	18.069	0.546	−0.394	0.788	1.5%
0.5	Hertz[46]	14.736	0.625	21.207	0.625	−0.5	1	100%
	H−C[48]	13.303	0.42	18.138	0.56	−0.331	0.662	32.4%
	L−N[54]	13.326	0.476	18.741	0.588	−0.363	0.726	45.2%
	Gonthier[63]	13.725	0.36	16.310	0.54	−0.244	0.488	2.4%
	秦志英[64]	13.752	0.33	16.252	0.54	−0.241	0.482	3.6%
	Flores[65]	13.836	0.33	16.112	0.54	−0.235	0.47	6%
	白争锋[170]	11.276	0.48	21.625	0.56	−0.241	0.482	3.6%
	王旭鹏[13]	12.823	0.36	17.189	0.57	−0.241	0.482	3.6%
0.2	Hertz[46]	14.736	0.625	21.207	0.625	−0.5	1	400%
	H−C[48]	13.506	0.364	16.946	0.56	−0.273	0.546	173%
	L−N[54]	13.29	0.42	18.227	0.56	−0.336	0.672	236%
	Gonthier[63]	16.992	0.228	12.450	0.456	−0.102	0.204	2%
	秦志英[64]	15.732	0.238	13.478	0.476	−0.133	0.266	33%
	Flores[65]	18.350	0.21	11.457	0.42	−0.078	0.156	22%
	白争锋[170]	12.527	0.384	19.216	0.624	−0.133	0.266	33%
	王旭鹏[13]	14.800	0.252	14.199	0.504	−0.133	0.266	33%

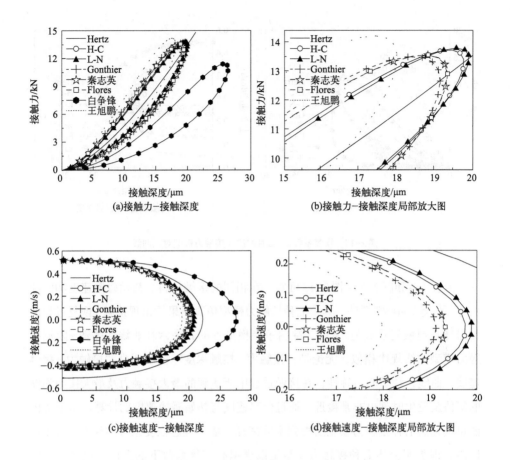

(a)接触力−接触深度

(b)接触力−接触深度局部放大图

(c)接触速度−接触深度

(d)接触速度−接触深度局部放大图

图2-11 恢复系数为0.8时的法向接触力模型对比曲线

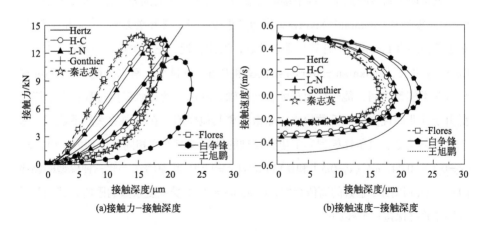

(a)接触力−接触深度

(b)接触速度−接触深度

图2-12 恢复系数为0.5时的法向接触力模型对比曲线

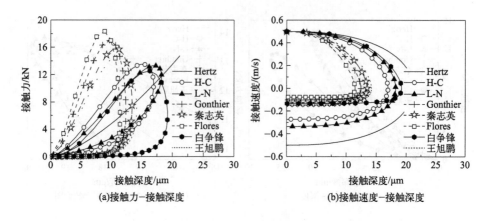

(a)接触力−接触深度   (b)接触速度−接触深度

图2-13　恢复系数为0.2时的法向接触力模型对比曲线

由表2-4和图2-11~图2-13可知，在相同的接触材料、初始碰撞速度和间隙尺寸下，除Hertz模型外，其余七种接触力模型仿真结果均出现接触-恢复过程的黏滞环；当恢复系数为0.8时，除白争锋模型外的其余六种非线性弹簧-阻尼接触力模型曲线规律相似，无论是"接触力-接触深度"曲线还是"接触力-接触速度"曲线，均呈非对称性；在接触过程中所达到的最大接触力及最大接触深度的幅值及发生时刻也非常接近；通过分离速度与初始碰撞速度的计算，基于考虑能量损耗的七种接触力模型所得到实际恢复系数与理想恢复系数的误差均在10%以内，即表明上述七种接触力模型足以模拟高恢复系数下的多体系统碰撞接触过程。

随着恢复系数的减小，各个接触力模型逐渐产生较大的差异性，但其中Hunt-Crossley模型和Lankarani-Nikravesh模型结果较接近，无显著差异；Gonthier模型、秦志英模型及Flores模型计算结果较接近，彼此相近；王旭鹏模型曲线位于Hunt-Crossley模型、Lankarani-Nikravesh模型和Gonthier模型、秦志英模型、Flores模型这两类模型之间，能较好地反映含间隙轴与轴承间的接触碰撞过程；白争锋模型由于其非线性变刚度系数较小，略微偏离其他模型。在不同的恢复系数下，基于秦志英模型、白争锋模型和王旭鹏模型的轴分离速度均相同，分别为0.394 m/s（c_r=0.8）、0.241 m/s（c_r=0.5）和0.133 m/s（c_r=0.2），其原因在于此三种模型的黏滞阻尼因子除以刚度系数的商值相同；Gonthier模型不受恢复系数的限制，其恢复系数误差始终保持在5%以下。

综上，上述模型可归纳如表2-5所示。

表 2-5　法向接触力模型

模型	表达式	刚度 K	黏滞阻尼因子 χ	特点
Hertz[46]	$F_n = K\delta^n$	$\dfrac{4}{3}E^*\left(\dfrac{R_B R_J}{R_B - R_J}\right)^{0.5}$	—	结构简单，但未考虑能量耗散
H-C[48]	$F_n = K\delta^n + \chi\delta^n\dot{\delta}$	$\dfrac{4}{3}E^*\left(\dfrac{R_B R_J}{R_B - R_J}\right)^{0.5}$	$\dfrac{3(1-c_r)}{2}\times\dfrac{K}{\dot{\delta}^{(-)}}$	适用于高恢复系数下接触碰撞过程
L-N[54]	$F_n = K\delta^n + \chi\delta^n\dot{\delta}$	$\dfrac{4}{3}E^*\left(\dfrac{R_B R_J}{R_B - R_J}\right)^{0.5}$	$\dfrac{3(1-c_r^2)}{4}\times\dfrac{K}{\dot{\delta}^{(-)}}$	适用于高恢复系数下接触碰撞过程
Gonthier[63]	$F_n = K\delta^n + \chi\delta^n\dot{\delta}$	$\dfrac{4}{3}E^*\left(\dfrac{R_B R_J}{R_B - R_J}\right)^{0.5}$	$\dfrac{1-c_r^2}{c_r}\times\dfrac{K}{\dot{\delta}^{(-)}}$	不受恢复系数限制；适用于大面积接触碰撞过程
秦志英[64]	$F_n = K\delta^n + \chi\delta^n\dot{\delta}$	$\dfrac{4}{3}E^*\left(\dfrac{R_B R_J}{R_B - R_J}\right)^{0.5}$	$\dfrac{3(1-c_r^2)\ e^{2(1-c_r)}}{4}\times\dfrac{K}{\dot{\delta}^{(-)}}$	不受恢复系数限制
Flores[65]	$F_n = K\delta^n + \chi\delta^n\dot{\delta}$	$\dfrac{4}{3}E^*\left(\dfrac{R_B R_J}{R_B - R_J}\right)^{0.5}$	$\dfrac{8(1-c_r)}{5}\times\dfrac{K}{\dot{\delta}^{(-)}}$	能同时反映完全弹性接触和完全塑性接触；适用于软材料和硬材料接触；不受恢复系数限制
白争锋[170]	$F_n = K\delta^n + \chi\delta^n\dot{\delta}$	$\dfrac{1}{8}\pi E^*\sqrt{\dfrac{2\delta\left[3(R_B - R_J)+2\delta\right]^2}{(R_B - R_J + \delta)^3}}$	$\dfrac{3(1-c_r^2)\ e^{2(1-c_r)}}{4}\times\dfrac{K}{\dot{\delta}^{(-)}}$	考虑了非线性变刚度系数
王旭鹏[13]	$F_n = K\delta^n + \chi\delta^n\dot{\delta}$	$\dfrac{L}{2}\pi E^*\sqrt{\dfrac{1}{2(R_B - R_J + \delta)}}$	$\dfrac{3(1-c_r^2)\ e^{2(1-c_r)}}{4}\times\dfrac{K}{\dot{\delta}^{(-)}}$	考虑了轴承轴向尺寸

　　由表 2-5 可知，Hunt-Crossley 模型、Lankarani-Nikravesh 模型、Gonthier 模型、秦志英模型、Flores 模型、白争锋模型和王旭鹏模型的计算求解过程均与材料恢复系数相关。此外，还存在一类接触力模型，其计算与材料的恢复系数无关，其中多体动力学软件 ADAMS 中的 IMPACT 函数被广泛应用，其表达式为：

$$\begin{cases} F_n = K\delta^n + \text{step}(\delta, 0, 0, \delta_{\max}, c_{\max})\dot{\delta} & \delta > 0 \\ 0 & \delta \leq 0 \end{cases} \quad (2\text{-}28)$$

$$\text{step}(\delta, 0, 0, \delta_{\max}, c_{\max}) = \begin{cases} 0 & \delta < 0 \\ c_{\max}\left(\dfrac{\delta}{\delta_{\max}}\right)^2\left(3 - 2\dfrac{\delta}{\delta_{\max}}\right) & 0 \leq \delta \leq \delta_{\max} \\ c_{\max} & \delta > \delta_{\max} \end{cases} \quad (2\text{-}29)$$

式中　K, d, n —— 定义与前述模型一致；

　　　$d_{\max}$ —— 最大接触深度，其值一般取 0.01 mm；

　　　$c_{\max}$ —— 最大阻尼系数，一般取接触刚度的 1%[90]。

2.2.3.2　切向接触力模型

摩擦力，即切向接触力，对分析含间隙铰链机构的动力学特性同样具有重要影响。Coulomb 摩擦模型是描述干接触表面之间最简单的摩擦模型。然而，该摩擦模型可能导致数值积分上的困难。为了避免该问题，众多学者对 Coulomb 摩擦模型进行了修正，此处仅介绍 Ambrósio 摩擦模型和 ADAMS 修正 Coulomb 摩擦模型。

（1）Ambrósio 摩擦模型 [173]

$$F_t = -c_f c_d F_n \,\text{sgn}(v_t) \quad (2\text{-}30)$$

式中　v_t —— 轴与轴承的相对切向速度；

　　　c_f —— 摩擦系数；

　　　c_d —— 动态修正系数，可表示为：

$$c_d = \begin{cases} 0 & v_t < v_0 \\ \dfrac{v_t - v_0}{v_1 - v_0} & v_0 \leq v_t \leq v_1 \\ 1 & v_t > v_1 \end{cases} \quad (2\text{-}31)$$

式中　v_0，v_1 —— 给定的切向速度误差值。

（2）ADAMS 修正 Coulomb 摩擦模型 [174]

$$F_t = \mu(v_t)\,F_n \quad (2\text{-}32)$$

式中 $\mu(v_t)$ ——与切向速度 v_t 相关的摩擦系数，其曲线图如图2-14所示，表达

式为：

$$\mu(v_t) = \begin{cases} -\mu_d \cdot \mathrm{sgn}(v_t) & |v_t| > v_d \\ -\mathrm{step}(|v_t|, v_d, \mu_d, v_s, \mu_s) \cdot \mathrm{sgn}(v_t) & v_s \leqslant |v_t| \leqslant v_d \\ \mathrm{step}(v_t, -v_s, \mu_s, v_s, -\mu_s) & |v_t| < v_s \end{cases} \quad （2-33）$$

式中 v_s ——最大静摩擦临界速度；

v_d ——动摩擦临界速度；

μ_s ——静摩擦系数；

μ_d ——动摩擦系数。

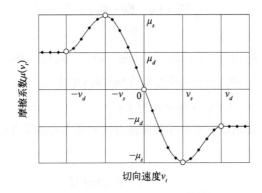

图2-14 摩擦系数 $\mu(v_t)$ 函数曲线图

2.3 含间隙铰链多体系统动力学方程

2.3.1 刚性多体系统动力学方程

考虑多刚体系统由 m 个构件组成，构件 i 的广义坐标矢量可以通过其质心坐标 (x, y, z) 和方位欧拉角 (ψ, q, ϕ) 来表示为：

$$\boldsymbol{q}_i = \begin{bmatrix} x & y & z & \psi & \theta & \phi \end{bmatrix}^{\mathrm{T}} \quad \boldsymbol{q} = \begin{bmatrix} \boldsymbol{q}_1 & \boldsymbol{q}_2 & \cdots & \boldsymbol{q}_m \end{bmatrix}^{\mathrm{T}} \quad （2-34）$$

多体系统的运动约束方程用广义坐标矢量表示为：

$$\boldsymbol{\varPhi}^k(\boldsymbol{q}, t) = \begin{bmatrix} \boldsymbol{\varPhi}_1^k(\boldsymbol{q}, t) & \boldsymbol{\varPhi}_2^k(\boldsymbol{q}, t) & \cdots & \boldsymbol{\varPhi}_m^k(\boldsymbol{q}, t) \end{bmatrix} \quad （2-35）$$

为了确保系统具有确定的运动，需要对系统施加驱动约束，使机构的自由度为零，则对系统施加驱动约束：

$$\boldsymbol{\Phi}^D(\boldsymbol{q},t)=0 \tag{2-36}$$

当系统的运动约束和驱动约束完全确定时，其才具有确定的运动，此时系统的自由度为零，结合式（2-35）和式（2-36），即系统的全约束方程为[170]：

$$\boldsymbol{\Phi}(\boldsymbol{q},t)=\begin{bmatrix}\boldsymbol{\Phi}^k(\boldsymbol{q},t)\\\boldsymbol{\Phi}^D(\boldsymbol{q},t)\end{bmatrix}=0 \tag{2-37}$$

当不考虑铰链间隙时，根据 Lagrange 乘子法，系统动力学方程可以表示为：

$$\begin{cases}\boldsymbol{M}\ddot{\boldsymbol{q}}+\boldsymbol{C}\dot{\boldsymbol{q}}+\boldsymbol{K}\boldsymbol{q}+\boldsymbol{\Phi}_q^{\mathrm{T}}\lambda=\boldsymbol{F}\\\boldsymbol{\Phi}(\boldsymbol{q},t)=0\end{cases} \tag{2-38}$$

式中　$\boldsymbol{q}$，$\boldsymbol{M}$，$\boldsymbol{C}$，$\boldsymbol{K}$，$\boldsymbol{F}$ —— 系统广义坐标、质量、阻尼、刚度、力矩阵；

$\boldsymbol{\Phi}_q$ —— 约束方程的 Jacobian 矩阵；

λ —— Lagrange 乘子。

当考虑铰链间隙时，需要将接触碰撞力模型嵌入动力学方程，引入单位阶跃函数：

$$\mu(\delta)=\begin{cases}0 & \delta<0 \quad 未接触\\1 & \delta\geqslant0 \quad 接触碰撞\end{cases} \tag{2-39}$$

间隙铰链接触力为：

$$\boldsymbol{F}_c=\mu(\delta)(\boldsymbol{F}_n+\boldsymbol{F}_t) \tag{2-40}$$

式中　$\boldsymbol{F}_c$ —— 接触力，包含法向接触力 $\boldsymbol{F}_n$ 和切向接触力 $\boldsymbol{F}_t$。

综上，考虑铰链间隙的多刚体系统动力学方程为：

$$\begin{cases}\boldsymbol{M}\ddot{\boldsymbol{q}}+\boldsymbol{C}\dot{\boldsymbol{q}}+\boldsymbol{K}\boldsymbol{q}+\boldsymbol{\Phi}_q^{\mathrm{T}}\lambda=\boldsymbol{F}+\boldsymbol{F}_c\\\boldsymbol{\Phi}(\boldsymbol{q},t)=0\end{cases} \tag{2-41}$$

2.3.2　柔性多体系统动力学方程

采用浮动坐标法描述多体系统中的柔性体，则含柔性单元体的间隙铰多体系统的约束方程可以写为：

$$\boldsymbol{\Phi}(\boldsymbol{q}_f,t)=\begin{bmatrix}\boldsymbol{\Phi}_{ck}^{\mathrm{T}}(\boldsymbol{q}_f,t)&\boldsymbol{\Phi}_d^{\mathrm{T}}(\boldsymbol{q}_f,t)\end{bmatrix}^{\mathrm{T}}=0 \qquad(2\text{-}42)$$

式中　$\boldsymbol{\Phi}_{ck}(\boldsymbol{q}_f,t)$ ——柔性多体系统中铰链约束方程；

　　　$\boldsymbol{\Phi}_d(\boldsymbol{q}_f,t)$ ——包含驱动约束的约束方程。

$$\boldsymbol{\Phi}_{ck}(\boldsymbol{q}_f,t)=\begin{bmatrix}\boldsymbol{\Phi}_1(\boldsymbol{q}_f,t)&\boldsymbol{\Phi}_2(\boldsymbol{q}_f,t)&\cdots&\boldsymbol{\Phi}_{nc-ck}(\boldsymbol{q}_f,t)\end{bmatrix}^{\mathrm{T}}=0 \qquad(2\text{-}43)$$

$$\boldsymbol{\Phi}_d(\boldsymbol{q}_f,t)=\begin{bmatrix}\boldsymbol{\Phi}_1(\boldsymbol{q}_f,t)&\boldsymbol{\Phi}_2(\boldsymbol{q}_f,t)&\cdots&\boldsymbol{\Phi}_{nd}(\boldsymbol{q}_f,t)\end{bmatrix}^{\mathrm{T}}=0 \qquad(2\text{-}44)$$

式中　nc ——运动学约束个数（包含间隙铰链约束）；

　　　ck ——间隙铰链对应的运动约束个数。

根据研究用虚功原理和Lagrange乘子法可以得到含间隙铰柔性多体系统的动力学方程：

$$\begin{cases}\boldsymbol{M}_f\ddot{\boldsymbol{q}}_f+\boldsymbol{\Phi}_{qf}^{\mathrm{T}}\lambda_f+\boldsymbol{K}_f\boldsymbol{q}_f-\boldsymbol{Q}_f=0\\\boldsymbol{\Phi}(\boldsymbol{q}_f,t)=0\end{cases} \qquad(2\text{-}45)$$

式中　$\boldsymbol{M}_f$，$\boldsymbol{K}_f$，$\boldsymbol{q}_f$ ——柔性系统质量矩阵、刚度矩阵、广义坐标向量；

　　　$\boldsymbol{Q}_f$ ——包含间隙铰链接触力的广义力矩阵；

　　　λ_f ——Lagrange乘子；

　　　$\boldsymbol{\Phi}_{qf}$ ——约束方程 $\boldsymbol{\Phi}(\boldsymbol{q}_f,t)$ 的 Jacobian 矩阵。

2.4　改进的非线性法向接触力模型

由于舵面传动系统应用场合的特殊性，其铰链具有小间隙、大力载、接触区域较大的特点，且接触刚度随接触深度的变化而时刻变化[3]，因此，建立一种适用于舵面传动系统回转铰链的非线性法向接触力模型非常必要。由2.2.3节可知，Gonthier模型不受恢复系数限制，适用于大面积接触碰撞过程，基于该模型得到的实际恢复系数和理想恢复系数误差较小。此外，接触力模型的接触刚度系数不仅与碰撞体的材料、几何特性和间隙尺寸有关，而且还与接触深度和接触状态有关[68]。王旭鹏模型考虑了可变的刚度系数和轴承轴向尺寸，可以更加真实地模拟含间隙铰链接触碰撞过程。因此，本书基于上述两种模型，提出一种改进的非线性法向接触力模型，该模型可以考虑接触碰撞过程几何形状、材料特性、轴承轴向尺寸以及碰撞过程能量损耗等因素，且不受恢复系数限制并适用于大面积接触碰撞过程。

$$F_n = \frac{\pi}{2} LE^* \delta^n \left[\frac{1}{2(\Delta R + \delta)} \right]^{0.5} \left(1 + \frac{1-c_r^2}{c_r} \times \frac{\dot{\delta}}{\dot{\delta}^{(-)}} \right) \qquad (2-46)$$

式中　F_n —— 接触力；

　　　δ —— 轴与轴承的相对接触深度；

　　　E^* —— 等效弹性模量，其表达式如式（2-10）所示；

　　　ΔR —— 径向半径间隙；

　　　c_r —— 恢复系数；

　　　$\dot{\delta}^{(-)}$ —— 初始碰撞速度；

　　　L —— 轴承轴向尺寸；

　　　n —— 非线性力指数，对于金属材料通常取1.5。

2.4.1　改进接触力模型对比验证

由2.2.3节分析可知，Hunt-Crossley模型和Lankarani-Nikravesh模型仿真结果较接近，适用于高恢复系数、小间隙、小载荷的接触碰撞过程；Gonthier模型、秦志英模型及Flores模型计算结果较接近，不受恢复系数、间隙尺寸的限制；王旭鹏模型曲线位于这两类模型之间，考虑了轴承轴向尺寸的影响；白争锋模型由于其非线性变刚度系数较小，略微偏离其他模型。因此，选择Hertz模型、Lankarani-Nikravesh模型、Gonthier模型、白争锋模型、王旭鹏模型和改进接触力模型，对比验证提出的改进模型合理性。仍以含间隙轴和轴承一次碰撞为算例，进行六种接触力模型的对比验证。仿真算例参数见表2-6，仿真结果"接触力-接触深度"曲线和"接触速度-接触深度"曲线如图2-15所示，各个模型的恢复系数误差列举于表2-7。

表2-6　六种法向接触力模型对比验证仿真算例参数

项目	数值	单位	项目	数值	单位
轴承半径	10	mm	轴半径	9.9	mm
轴承/轴弹性模量	207	GPa	轴承/轴泊松比	0.3	—
轴承轴向尺寸	15	mm	轴质量	1	kg
初始碰撞速度	0.5	m/s	恢复系数	0.5	—

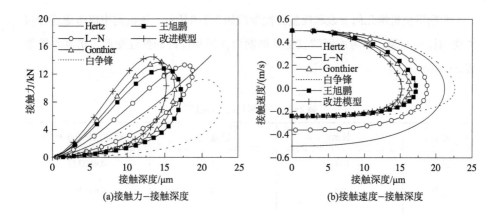

(a)接触力-接触深度　　　　　　　(b)接触速度-接触深度

图2-15　六种法向接触力模型对比曲线

表2-7　六种法向接触力模型的恢复系数误差

项目	Hertz[46]	L-N[54]	Gonthier[63]	白争锋[170]	王旭鹏[13]	改进模型
实际恢复系数	1	0.726	0.488	0.482	0.482	0.488
恢复系数误差	100%	45.2%	2.4%	3.6%	3.6%	2.4%

由仿真结果可知：Gonthier模型、王旭鹏模型和改进模型的"接触力-接触深度"曲线和"接触速度-接触深度"曲线较接近；Lankarani-Nikravesh模型的黏滞环面积相比于其他模型而言较小，恢复系数误差较大，其原因为Lankarani-Nikravesh模型适用于高恢复系数下的接触碰撞过程；改进模型和Gonthier模型的恢复系数误差最小，均为2.4%，但改进模型比Gonthier模型的优势在于其考虑了轴承轴向尺寸和与接触深度时刻相关的非线性刚度系数的影响。综上，改进模型可有效模拟含间隙铰链接触碰撞过程，并在低恢复系数工况下可以保持较好的响应。

2.4.2　基于改进接触力模型的曲柄滑块机构算例验证

基于提出的改进非线性法向接触力模型和Ambrósio切向接触力模型[173]，以文献[69]中曲柄滑块机构为对象，在0.1 mm、0.25 mm、0.5 mm和1 mm四组不同间隙条件下，对比滑块加速度的仿真曲线与实验曲线，以验证改进非线性法向接触力模型的有效性。

曲柄滑块机构几何参数和质量特性参数如表2-8所示，该机构中仅考虑连杆与滑块间铰链间隙，不考虑间隙铰链处的润滑作用和杆件的弹性变形，仿真参数如表2-9所示。

表2-8　曲柄滑块机构参数[69]

项目	长/m	质量/kg	转动惯量/kg·m²
曲柄	0.05	17.9	0.460327
连杆	0.3	1.13	0.015300
滑块	—	1.013	0.000772

表2-9　仿真参数[69]

项目	数值	单位	项目	数值	单位
轴承内径	22.25	mm	轴承宽度	15	mm
轴承/轴弹性模量	207	GPa	轴承/轴泊松比	0.3	—
积分步长	10^{-6}	s	积分误差	10^{-7}	—
摩擦系数	0.01		恢复系数	0.46	

曲柄转速为200 r/min，改变间隙值分别为0.1 mm、0.25 mm、0.5 mm和1 mm，动力学仿真结果与文献[72]仿真结果、文献[69]实验结果的对比如图2-16~图2-19所示。由本研究仿真结果与文献[69]实验结果的对比可知：不论是滑块加速度仿真曲线，还是实验曲线，考虑铰链间隙后的滑块加速度均围绕理想曲线上下波动，且间隙越大，滑块加速度振荡幅值越大，振荡次数越少。然而，二者之间仍存在差异性，其原因在于：仿真未考虑磨损、装配及加工误差对铰链间隙的影响；未考虑杆件弹性变形对系统动态响应的影响；实验系统中曲柄与基座间铰链、曲柄与连杆间铰链、滑块与基座间移动副均存在间隙，分别为0.009 mm、0.005 mm及0.001 mm，而在仿真过程中上述运动副均被建模为理想运动副。但本研究仿真结果与文献[72]仿真结果保持了较好的一致性，均为较规律的脉冲式振荡，且随着间隙值的增大，脉冲频率逐渐降低。综上，虽然上述对比存在误差，但基于改进法向接触力模型的数值仿真结果在滑块加速度曲线的波动趋势和幅值量级与实验结果较吻合，即表明该模型可有效模拟含铰链间隙的机构接触碰撞过程。

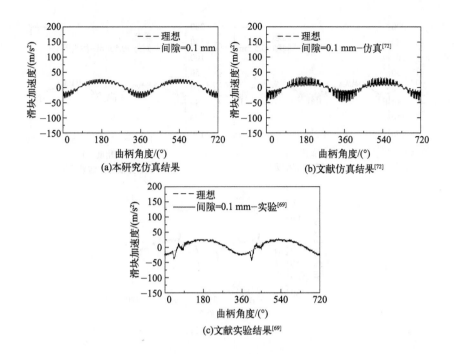

图 2-16　间隙 =0.1 mm 时的仿真和实验结果

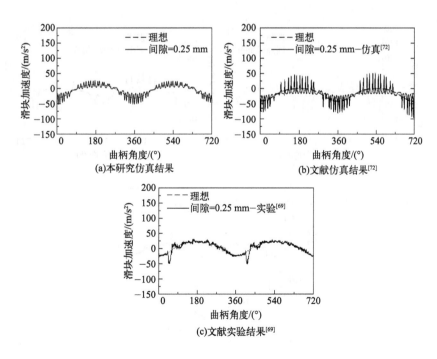

图 2-17　间隙 =0.25 mm 时的仿真和实验结果

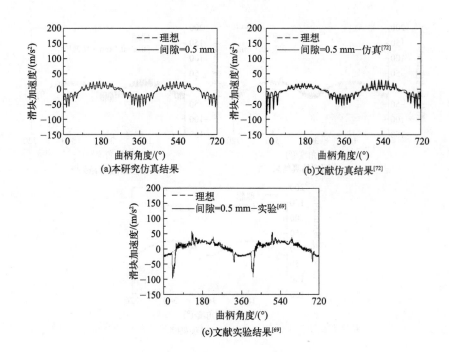

图 2-18 间隙=0.5 mm时的仿真和实验结果

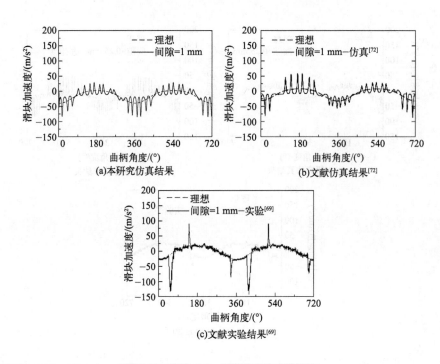

图 2-19 间隙=1 mm时的仿真和实验结果

2.4.3 不同工况仿真分析

以含间隙铰链中轴和轴承的一次碰撞为例，分析改进的非线性接触力模型在不同间隙尺寸、不同恢复系数、不同初始碰撞速度和不同轴承轴向尺寸等各种工况下的有效性，其中轴承半径为10 mm，轴和轴承材料相同，弹性模量均为207 GPa，泊松比均为0.3，轴质量为1 kg。

（1）不同间隙尺寸

为了更突出铰链间隙对机构性能的影响，仿真给出了超过一般工程应用中铰链间隙实际大小的尺寸。分别取间隙尺寸为0.01 mm、0.1 mm、0.3 mm和0.5 mm，初始相对碰撞速度为0.5 m/s，恢复系数为0.7，轴承轴向尺寸为15 mm。不同间隙尺寸工况下的仿真结果和仿真数据分别如图2-20和表2-10所示。

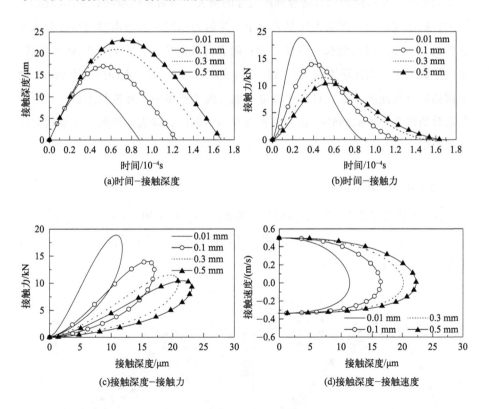

图2-20 不同间隙尺寸仿真结果

表 2-10　不同间隙尺寸仿真数据

不同工况	数值/mm	最大接触力		最大接触深度		分离速度/（m/s）	实际恢复系数	恢复系数误差
		幅值/kN	时刻/10^{-4}s	幅值/μm	时刻/10^{-4}s			
间隙尺寸	0.01	18.904	0.27	11.815	0.378	−0.335	0.670	4.286%
	0.1	13.985	0.4	16.998	0.525	−0.335	0.670	4.286%
	0.3	11.480	0.48	20.895	0.672	−0.335	0.670	4.286%
	0.5	10.440	0.544	23.078	0.714	−0.335	0.670	4.286%

由图 2-20 及表 2-10 可知，不同间隙尺寸下的接触力和接触深度在接触和分离的过程是非对称的，且随着间隙尺寸的增大，非对称性越明显；间隙越大，最大接触深度越大，而最大接触力越小，接触力达到最大所需时间与接触深度达到最大所需时间均变长，其原因为：随着间隙的增大，由式（2-46）可知，刚度系数减小，则接触力减小，该结论与文献[175]一致；不同间隙下的轴-轴承碰撞后分离速度不变，且基于改进接触力模型所得到实际恢复系数与理想恢复系数的误差均为 4.286%，误差可控制在 10% 以内，即表示该模型不受间隙尺寸的限制。

（2）不同恢复系数

分别取恢复系数为 0.3~1，间隙尺寸为 0.1 mm，初始相对碰撞速度为 0.5 m/s，轴承轴向尺寸为 15 mm，进行仿真分析。不同恢复系数工况下的仿真结果和仿真数据分别如图 2-21 和表 2-11 所示。

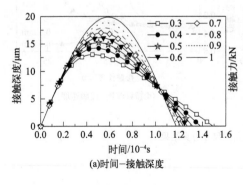

(a)时间−接触深度

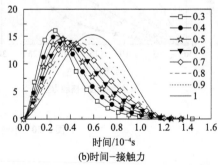

(b)时间−接触力

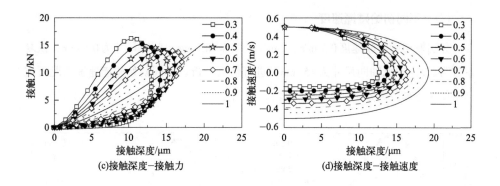

(c)接触深度－接触力　　　　　　　(d)接触深度－接触速度

图2-21　不同恢复系数仿真结果

由图2-21及表2-11可知，恢复系数越大，最大接触深度越大，且达到最大接触力与最大接触深度所需时间越长，其原因为：恢复系数越大，系统能量损耗越小，使得能量损耗较慢，由图2-21（c）中接触和分离阶段包含的封闭环区域面积可看出这一现象；恢复系数越大，碰撞恢复过程越快，整体接触碰撞过程时间越短，该现象由图2-21（a）中可看出。由表2-11可得，基于改进接触力模型所得到不同恢复系数下的实际恢复系数与理想恢复系数的误差均控制在10%以内，即表明该模型不受恢复系数大小的限制。

表2-11　不同恢复系数仿真数据

不同工况	数值	最大接触力		最大接触深度		分离速度/（m/s）	实际恢复系数	恢复系数误差
		幅值/kN	时刻/10⁻⁴s	幅值/μm	时刻/10⁻⁴s			
恢复系数	0.3	16.249	0.24	13.038	0.54	−0.152	0.304	1.333%
	0.4	15.202	0.28	14.201	0.476	−0.199	0.398	0.500%
	0.5	14.521	0.308	14.832	0.42	−0.244	0.488	2.400%
	0.6	14.151	0.364	16.116	0.52	−0.289	0.578	3.667%
	0.7	13.985	0.4	16.998	0.525	−0.335	0.67	4.286%
	0.8	14.058	0.45	17.903	0.55	−0.384	0.768	4.000%
	0.9	14.446	0.528	18.845	0.576	−0.438	0.876	2.667%
	1	15.326	0.6	19.867	0.6	−0.500	1	0

（3）不同初始碰撞速度

分别取初始碰撞速度0.5 m/s、1 m/s、3 m/s和5 m/s，间隙尺寸为0.1 mm，恢复系数为0.7，轴承轴向尺寸为15 mm，进行仿真分析。不同初始碰撞速度工况下仿真结果和仿真数据分别如图2-22和表2-12所示。

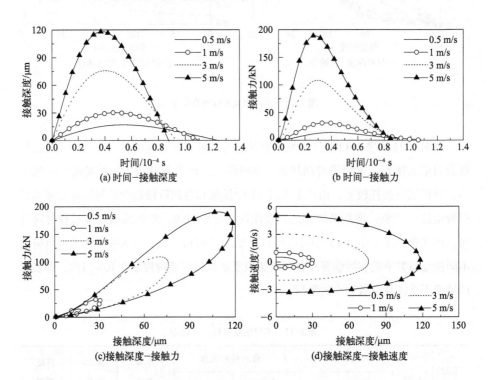

图2-22 不同初始碰撞速度仿真结果

表2-12 不同初始碰撞速度仿真数据

不同工况	数值/（m/s）	最大接触力		最大接触深度		分离速度/（m/s）	实际恢复系数	恢复系数误差
		幅值/kN	时刻/10^{-4} s	幅值/μm	时刻/10^{-4} s			
初始碰撞速度	0.5	13.985	0.4	16.998	0.525	−0.335	0.670	4.286%
	1	31.251	0.352	30.066	0.484	−0.670	0.670	4.286%
	3	108.082	0.301	75.822	0.395	−2.009	0.670	4.286%
	5	189.016	0.282	118.115	0.387	−3.348	0.670	4.286%

由图2-22及表2-12可知，初始碰撞速度越大，最大接触深度和最大接触力越大，达到最大接触力和最大接触深度的时间越短，而完成一次接触碰撞过程所需时间越少；不同初始碰撞速度下的系统实际恢复系数相同，即系统恢复系数不受初始碰撞速度影响，与恢复系数为系统固有属性且仅与碰撞体材料相关这一特点相符。

（4）不同轴承轴向尺寸

分别取不同轴承轴向尺寸为5 mm、10 mm、15 mm和20 mm，间隙尺寸为0.1 mm，初始碰撞速度0.5 m/s，恢复系数为0.7，进行仿真分析。不同轴承轴向尺寸工况下的仿真结果和仿真数据分别如图2-23和表2-13所示。

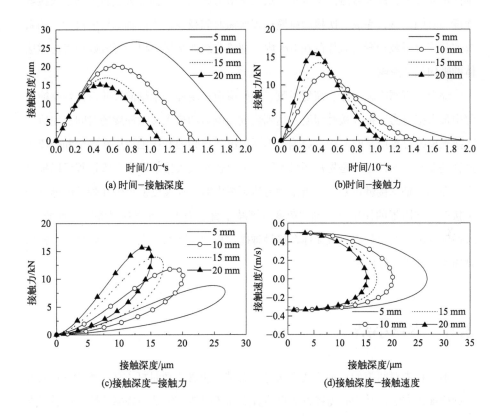

图2-23 不同轴承轴向尺寸仿真结果

表2-13 不同轴承轴向尺寸仿真数据

不同工况	数值/mm	最大接触力		最大接触深度		分离速度/(m/s)	实际恢复系数	恢复系数误差
		幅值/kN	时刻/10^{-4}s	幅值/μm	时刻/10^{-4}s			
轴承轴向尺寸	5	8.825	0.624	26.693	0.858	−0.335	0.670	4.286%
	10	11.810	0.479	20.065	0.647	−0.335	0.670	4.286%
	15	13.985	0.4	16.998	0.525	−0.335	0.670	4.286%
	20	15.758	0.355	15.113	0.466	−0.335	0.670	4.286%

由图2-23及表2-13可知，不同轴承轴向尺寸下系统接触碰撞过程不同；轴承轴向尺寸越大，最大接触深度越小，最大接触力越大，达到最大接触力和最大接触深度的时间越短，完成一次接触碰撞过程所需时间越少；不同轴承轴向尺寸下的系统实际恢复系数相同，且控制在10%内，即该非线性接触力模型可较好地考虑碰撞体的轴向尺寸影响。

综上，不同间隙尺寸、恢复系数、初始碰撞速度和轴承轴向尺寸对接触碰撞过程中最大接触力、最大接触深度、达到最大接触力和最大接触深度的时间及完成一次接触碰撞过程所需时间均有影响；不同工况下接触力和接触深度在接触和分离的过程是非对称的，且均是先达到最大接触力再达到最大接触深度，该过程可以描述为：在轴与轴承接触过程中，当接触力达到最大时，加速度使得轴在轴承内继续产生接触，在阻尼的作用下，轴的速度逐渐减小直至为零，此时接触深度达到最大，继而轴与轴承开始分离；碰撞体在接触碰撞过程中实际恢复系数与间隙尺寸、初始碰撞速度和轴承轴向尺寸无关。

2.5 本章小结

本章首先对间隙的三种描述方法进行总结，包含无质量杆方法、弹簧-阻尼方法和碰撞铰方法，其中碰撞铰方法更能真实描述间隙铰链处的碰撞特性。然后建立了间隙矢量数学模型以更好地模拟轴在轴承中的接触碰撞过程，包含轴与轴承间的相对运动关系及相对位置变化。

对比分析了几种典型的法向接触力模型，并通过相关算例进行比较，结果表明：①在相同的初始条件下，除Hertz模型外，其余七种非线性弹簧-阻尼接触力模型仿真结果均出现接触-恢复过程的黏滞环，且实际恢复系数与理想恢复系数的误差均在10%以内，可以有效模拟高恢复系数下的多体系统碰撞接触过程。②不同恢复系数下的Hunt-Crossley模型和Lankarani-Nikravesh模型结果无显著差异；Gonthier模型、秦志英模型及Flores模型计算结果较为相似；王旭鹏模型曲线位于上述两类模型之间，能较好地反映含间隙轴与轴承间的接触碰撞过程，而白争锋模型由于其非线性变刚度系数较小，略微偏离其他模型；Gonthier模型不受恢复系数的限制，其恢复系数误差始终保持在5%以下。

此外，本章建立了一种适用于舵面传动系统回转铰链的改进接触力模型，该模型考虑了接触碰撞过程几何形状、材料特性、轴承轴向尺寸、碰撞过程能量损耗等因素，且不受恢复系数限制并适用于大面积接触碰撞过程。通过与Hertz模型、Lankarani-Nikravesh模型、Gonthier模型、王旭鹏模型和白争锋模型的对比验证，表明该模型可以有效地描述铰链间隙对机构动力学特性的影响。以曲柄滑块机构为研究对象，通过基于所提出的改进接触力模型的仿真计算结果与文献中仿真和实验结果的对比，进一步验证了改进接触力模型的有效性。同时，改进接触力模型在不同间隙尺寸、恢复系数、初始碰撞速度和轴承轴向尺寸等各种工况下的恢复误差均控制在10%以内。

3 考虑铰链间隙与柔性的传动机构动力学特性研究

3.1 概述

舵面传动系统中舵机经传动机构控制舵面实现往复运动，舵面要准确、快速地到达指定的位置，与传动机构的动力学特性密切相关。传动机构通过铰链来实现构件旋转和运动传递，但铰链间隙引起的接触元素碰撞效应易降低舵面输出特性的稳定性和精度。因此，有必要考虑铰链间隙产生的接触碰撞效应，并分析间隙对传动机构输出动力学特性的影响。然而，构件柔性和铰链间隙对传动机构动力学特性的影响是相互耦合的。铰链元素的冲击碰撞会影响柔性构件的弹性变形和振动，柔性构件在运动过程中的弹性变形和振动也会同时影响间隙铰链元素的接触碰撞，因此很有必要同时考虑铰链间隙和构件柔性耦合作用对传动机构动力学特性的影响。

本章首先以考虑连杆与滑块铰链间隙的曲柄滑块机构为对象，将2.4节提出的改进接触力模型嵌入曲柄滑块机构ADAMS动力学仿真模型进行数值分析，通过不同间隙尺寸工况下的数值仿真结果与实验结果的对比，验证基于多体动力学仿真软件ADAMS嵌入改进接触力模型方法的可靠性。其次，通过同样的建模方法，建立含铰链间隙的传动机构刚体动力学模型，并分析了间隙尺寸、铰链位置、铰链数量及运动模式对系统动态响应的影响规律。然后，建立了含柔性构件的传动机构刚柔耦合动力学模型，分析了不同驱动速度和构件材料的影响。最后，同时考虑铰链间隙和构件柔性的影响，分析二者之间的相互耦合作用和内在相互关系对系统输出的影响。

3.2 嵌入改进接触力模型建模方法验证

3.2.1 嵌入改进接触力模型的动力学仿真建模方法

基于用户自定义子程序模板，在VS2010中修改接触力表达式，并通过编译、链接等步骤生成动态链接库文件。通过Solver settings-Executable-Library将该动态链接库文件嵌入ADAMS中，既避免了大型机构编程的复杂性，又为后续实现刚柔耦合建模分析奠定基础[176]。

改进的接触力模型计算程序部分代码如下：

```
if（gap<0）
{
    E=1/（（1-pow（v1，2））/E1+（1-pow（v2，2））/E2）；
    K=pi*E*L*pow（（pow（（2*（R1-R2+gap）），-1），0.5）/2；
    force[0]=max（0,k*pow（-gap,n）*（1+（1-pow（Cr,2）*gapdot/（Cr*v）））；
}
else force[0]=0；
```

其中，gap、gapdot、E、E1、E2、v1、v2、L、R1、R2、K、n、Cr、v分别为接触深度、接触速度、等效弹性模量、轴承/轴弹性模量、轴承/轴泊松比、轴承轴向尺寸、轴承/轴半径、接触刚度系数、力指数、恢复系数和初始相对碰撞速度。gap、gapdot为系统状态变量，L、R1、v、n的值在程序中给出，E1、E2、v1、v2、R2、Cr的值可分别通过ADAMS用户自定义窗口传递进去。

3.2.2 不同间隙尺寸下曲柄滑块机构模型验证

以文献[13]曲柄滑块机构为对象，间隙值分别取0.1 mm、0.3 mm和0.5 mm进行数值仿真和实验研究，并通过二者结果对比来验证将改进接触力模型嵌入ADAMS中进行用户自定义子程序二次开发方法的有效性。

仿真算例相关参数如表3-1所示，仿真过程中仅考虑连杆与滑块间铰链间隙，不考虑间隙铰链处的润滑、磨损作用和杆件的弹性变形。轴套半径为10 mm，轴承宽度为15 mm，连杆与滑块间连接轴与轴承材料相同，均为45钢。曲柄滑块机构试验台如图3-1所示，其安装布局三维模型如图3-2所示。

表3-1 曲柄滑块机构参数[13]

项目	长/m	质量/kg	转动惯量/kg·m²
曲柄	0.05	0.343	0.000216
连杆	0.3	1.072	0.034
滑块	—	0.347	0.000115

电机转速500 r/min，滑块与连杆之间铰链间隙分别为0.1 mm、0.3 mm和0.5 mm，其余参数定义如前文所述。不同间隙工况下基于改进接触力模型的滑块加速度仿真曲线与文献[13]中实验曲线的对比结果如图3-3~图3-5所示。

图 3-1 实验台系统[13]

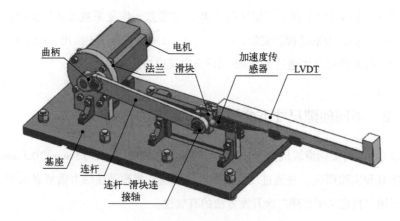

图 3-2 实验装置安装布局示意图[13]

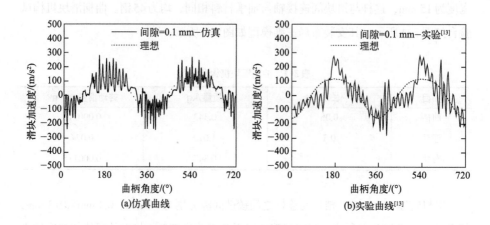

图 3-3 间隙为 0.1 mm 时滑块加速度仿真与实验对比

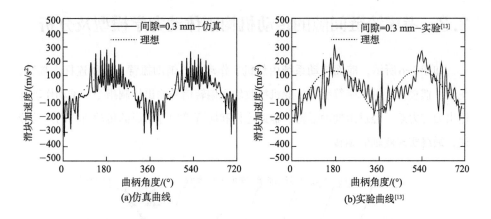

(a)仿真曲线   (b)实验曲线[13]

图3-4 间隙为0.3 mm时滑块加速度仿真与实验对比

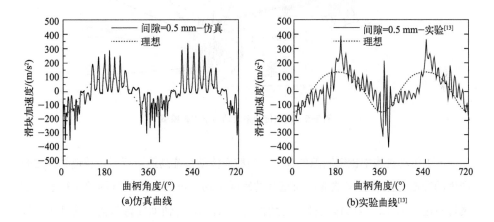

(a)仿真曲线   (b)实验曲线[13]

图3-5 间隙为0.5 mm时滑块加速度仿真与实验对比

对比结果表明：①不论是仿真曲线还是实验曲线，滑块加速度均围绕理想曲线脉冲式波动，在机构极点位置附近振荡程度最大，且随着铰链间隙的增大，振荡幅值越大；②0.1 mm、0.3 mm和0.5 mm三组间隙值下的滑块加速度振荡峰值仿真结果分别为283.1 m/s²、318.2 m/s²和371.8 m/s²，相应实验结果分别为268 m/s²、297.7 m/s²和345.4 m/s²，二者间相对误差分别为5.6%、6.9%和7.6%，即随着间隙增大，仿真和实验相对误差呈现逐渐增大的趋势，但均小于10%。综上，虽然仿真结果和实验测试结果存在一定的误差，但二者的波动趋势和振荡峰值量级保持了较好的一致性，即表明基于多体动力学仿真软件ADAMS自定义接触力子程序方法的有效性。

3.3　考虑铰链间隙的传动机构刚体动力学模型及分析

如图3-6所示，舵面传动系统由舵机、作动杆、辅助摇臂、辅助连杆、摇臂、舵轴、惯量盘、轴承座等组成。舵机接收舵面偏转信号输出控制指令，推动作动杆输出力与力矩，经过由辅助摇臂、辅助连杆和摇臂等构件组成的传动机构的运动传递，最终实现舵轴的偏转。

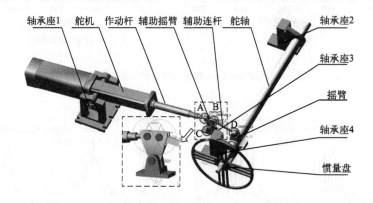

图3-6　舵面传动系统动力学仿真模型

由于传动机构中铰链间隙的存在，当舵面传动系统高速运行时，铰链轴孔之间产生的冲击与碰撞会影响舵面对指令的跟随运动，进而影响飞行器的飞行姿态或飞行轨迹。因此，考虑作动杆与辅助摇臂（铰链A）、辅助摇臂与辅助连杆（铰链B）、辅助摇臂与轴承座3（铰链C）、辅助连杆和摇臂（铰链D）之间的间隙，其他运动副均视为理想运动副。

各构件材料如表3-2所示，仿真参数如表3-3所示。仿真初始状态为摇臂中线垂直于地面90°，仿真结果均为机构达到稳定状态后。

表3-2　各构件材料参数

构件	材料	弹性模量/GPa	泊松比	密度/（kg/m³）
舵机 作动杆 轴承座1~4 惯量盘	45钢	209	0.269	7890

构件	材料	弹性模量/GPa	泊松比	密度/（kg/m³）
辅助连杆 辅助摇臂 摇臂	镁铝合金	45	0.33	2700
舵轴	40 Cr钢	211	0.28	7700

表3-3　仿真参数

参数	含义	数值	单位
x	舵机输出位移	10	mm
f	舵机输出频率	2	Hz
L	轴承轴向尺寸	15	mm
c_f	摩擦系数	0.01	——
c_r	恢复系数	0.46	——
v_0	切向速度误差值	0.1	mm/s
v_1	切向速度误差值	1	mm/s

摩擦系数和恢复系数的选择与材料和测试条件有关，文献[69]中摩擦系数和恢复系数分别定义为0.01和0.46，其参数选择的正确性已通过实验验证。此外，在文献[74]中，以铝合金曲柄滑块机构（弹性模量为70 GPa；泊松比为0.33）为研究对象，摩擦系数和恢复系数分别选择为0.01和0.55，其中材料特性与本书研究对象接近。因此，在本书中，摩擦系数定义为0.01，恢复系数定义为0.46，而并非高恢复系数（c_r=0.9）。

文献[177]中对切向速度误差值进行了定义：

$v_t = 10000$ mm/s，$v_0 = 10$ mm/s，$v_1 = 100$ mm/Gs

$v_t = 1000$ mm/s，$v_0 = 1$ mm/s，$v_1 = 10$ mm/s

$v_t = 100$ mm/s，$v_0 = 0.1$ mm/s，$v_1 = 1$ mm/s

$v_t = 10$ mm/s，$v_0 = 0.01$ mm/s，$v_1 = 0.1$ mm/s

本书中，舵机输出频率和舵机输出位移分别定义为2 Hz和10 mm[$x=A\sin$（$2\pi ft$）$=10\sin$（$2\pi \times 2 \times t$）]，因此，其输出速度不会大于125.664 mm/s

$[v=10 \times 4\pi \times \cos (2\pi \times 2 \times t)]$。此外，结合文献[8]，当弹簧-质量系统的运动速度等于100 mm/s时，v_0和v_1的值也分别选择为0.1 mm/s和1 mm/s。综上，本书中切向速度误差值v_0和v_1分别定义为0.1 mm/s和1 mm/s。

3.3.1 不同径向间隙尺寸

该小节仿真定义了超过一般工业样机中铰链间隙实际大小的间隙尺寸，将间隙夸大以观察铰链间隙对机构性能的影响。仅考虑铰链A（作动杆-辅助摇臂）处间隙，其余运动副均视为理想状态。分别取铰链A处间隙尺寸为0.01 mm、0.05 mm、0.1 mm及0.5 mm，对基于改进接触力模型的传动机构刚体动力学模型进行仿真。考虑不同径向间隙尺寸的舵轴角度、角速度和角加速度曲线分别如图3-7~图3-9所示。

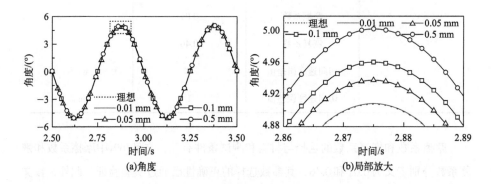

图3-7 考虑不同径向间隙尺寸的舵轴角度

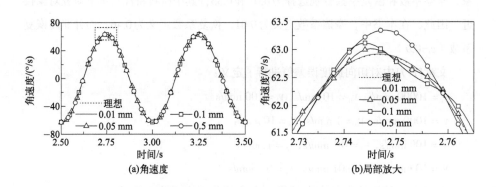

图3-8 考虑不同径向间隙尺寸的舵轴角速度

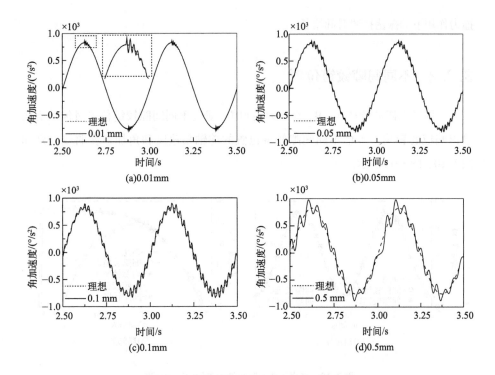

图3-9 考虑不同径向间隙尺寸的舵轴角加速度

由图3-7~图3-9可知：①不同工况下的舵轴角位移曲线与理想状态下曲线几乎重合，但由图3-7（b）可观察到，间隙尺寸越大，二者之间的误差随之增大，分别为0.014%、0.621%、1.186%和1.931%；②铰链间隙使舵轴角速度曲线产生振荡，间隙为0.01 mm时的舵轴角速度曲线与理想曲线几乎吻合，但随着间隙逐渐增大为0.05 mm和0.1 mm，可明显地观察到含铰链间隙舵轴角速度输出曲线沿理想角速度曲线振荡，且间隙越大，波动幅值越大，当间隙达到0.5 mm时，波动幅值也达到最大值；③舵轴角加速度曲线对铰链间隙非常敏感，不同间隙尺寸下的舵轴角加速度曲线在理想曲线附近强烈振荡，当销轴与轴套同方向运动时，二者间主要呈接触状态，碰撞频率及峰值均较小；当销轴与轴套反方向运动时，即当系统换向时，二者间发生碰撞，加速度及碰撞力幅值达到最大，后逐渐在阻尼的消耗下逐渐减小，直至下一次换向。随着间隙值的增大，振荡程度越大，具体表现为振荡幅值增大、频率降低，其原因在于铰链间隙变大使得销轴在轴套内自由运动的时间变长，从而销轴与轴套发生接触碰撞的频率变小，即表明铰链处销轴与轴套间的碰撞次数和碰撞强度随着间隙值的增大而分别减小和增大，高接触碰撞力作用下的振荡持续时间增长。

3.3.2 不同间隙铰链位置

分别考虑四处铰链A、B、C、D的间隙，研究不同间隙铰链位置对传动机构输出响应的影响。考虑不同间隙铰链位置的舵轴角速度和角加速度曲线分别如图3-10、图3-11所示。

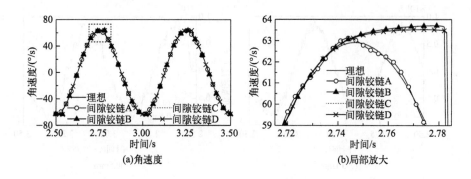

图3-10 考虑不同间隙铰链位置的舵轴角速度

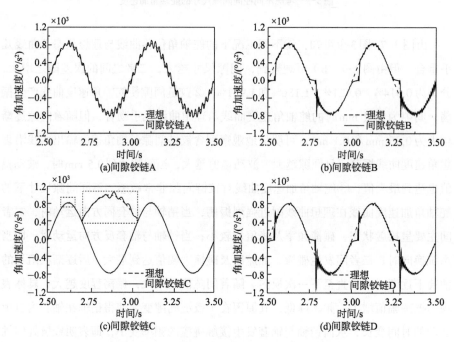

图3-11 考虑不同间隙铰链位置的舵轴角加速度

由图3-10、图3-11中可知，考虑铰链A处间隙的角速度和角加速度曲线均较规律地沿理想曲线上下波动；铰链B、D两处间隙作用下的角速度和角加速度则在"零位"处几乎保持匀速和零加速度波动后突然以脉冲形式突变，其原因可能在于这两处间隙铰链位于辅助连杆两侧，在系统不考虑柔性时，辅助连杆上间隙铰链处的接触力通过刚性杆件直接与舵轴及惯量盘的惯性力和作动杆输出的驱动力产生相互作用，最终使得输出曲线产生较大偏差；铰链C处的角速度和角加速度曲线几乎与理想曲线重合，其原因在于铰链C中的组成构件轴承座3固定于地面，但由局部放大图3-11（c）可知，仅考虑铰链C处间隙时的角加速度在系统换向时仍产生轻微振荡。

图3-12为考虑不同间隙铰链位置的舵轴角速度–角加速度相空间轨迹图，单间隙铰链下的相图呈现较弱的混沌特性。仅考虑铰链C处间隙时的相图接近于理想状态；考虑铰链B、D处间隙下的系统稳定性在速度极值时刻达到最差，其余时刻均保持较好的连续运动稳定性；考虑铰链A处间隙的系统相空间轨迹图混沌性最强，极大地表现出铰链间隙对系统稳定性的影响，即表明与作动杆相连的铰链A处间隙对系统输出的稳定性影响最大，该结论与文献[73]一致。因此为了保障系统运行的稳定性与可靠性，更应该关注靠近动力源处的运动副动力学特性[178]。

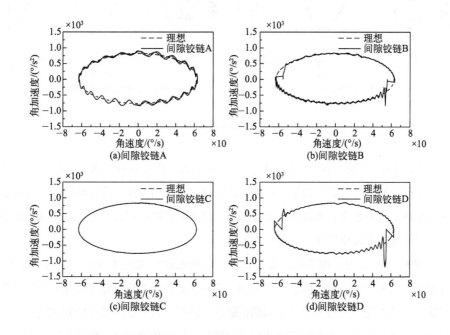

图3-12 考虑不同间隙铰链位置的舵轴角速度–角加速度相空间轨迹图

3.3.3 不同间隙铰链数量

分别选择间隙铰链数量为一个（编号A，工况一），两个（编号A、B，工况二），三个（编号A、B、C，工况三）和四个（编号A、B、C、D，工况四），以研究不同间隙铰链数量对传动机构运动特性的影响。图3-13为不同间隙铰链数量下系统达到稳定状态后的舵轴角速度曲线。

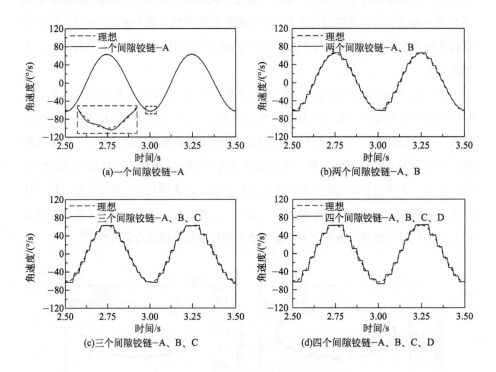

图3-13 含不同间隙铰链数量的舵轴角速度

由图3-13可知：多个铰链间隙的存在对舵轴角速度有较显著的影响，而在仅含一个间隙铰链时曲线平滑波动。角速度恒定对应于角加速度为零的情况，且角加速度的脉冲类型意味着角速度的突然增加，这表明铰链间隙会引起系统运动的振荡并导致较差的系统稳定性。

图3-14所示为考虑不同间隙铰链数量时的舵轴角加速度曲线。不同工况下，舵轴角加速度均围绕理想曲线上下波动，不同之处在于当仅考虑A处铰链间隙时舵轴输出光滑波动，而当考虑多个间隙铰链时，甚至是只考虑两处铰链间隙时，舵轴输出呈脉冲式响应；随着间隙铰链数量的增加，舵轴角加速度的振荡幅度显著增加

并呈现高峰值。

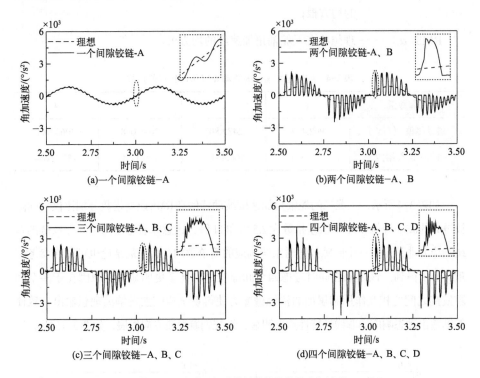

图3-14　含不同间隙铰链数量的舵轴角加速度

由图3-14中各种工况下的舵轴角加速度局部放大图可知，每一次大脉冲下伴随多次小脉冲，且随着间隙铰链数量的增加，小脉冲的次数增多，即表明多个间隙铰链之间的相互作用加剧了轴与轴承间碰撞的强度和持续时间。

表3-4为舵轴角加速度的波动峰值和均方根（Root Mean Square，RMS）误差指数。RMS误差指数表达式如式（3-1）所示，其可以定量地反映间隙对舵轴输出响应的影响，其中指数值越大，系统动态响应的稳定性越差。

$$ei_{\mathrm{RMS}} = \frac{\mathrm{RMS}(\alpha_c - \alpha_i)}{\mathrm{RMS}(\alpha_i)} \times 100\% = \sqrt{\frac{1}{N}\sum_{i=1}^{N}(\alpha_c - \alpha_i)^2} \Bigg/ \sqrt{\frac{1}{N}\sum_{i=1}^{N}(\alpha_i)^2} \times 100\%$$

（3-1）

式中　　ei_{RMS}——均方根误差指数；

α_c——含铰链间隙的舵轴角加速度；

α_i——理想状态下的舵轴角加速度；

$\text{RMS}(\alpha_c - \alpha_i)$ —— 含铰链间隙的舵轴角加速度较理想状态下舵轴角加速度误差的均方根；

$\text{RMS}(\alpha_i)$ —— 理想状态下舵轴角加速度的均方根。

表3-4 舵轴角加速度的波动峰值和RMS误差指数

间隙数量	1	2	3	4
波动峰值/（°/s²）	902.487	2482.807	2695.048	4063.383
RMS误差指数	9.423%	106.454%	129.12%	152.136%

  如表3-4所示，工况二的舵轴角加速度波动峰值和RMS误差指数分别比仅含间隙铰链A的波动峰值和RMS误差指数大2.5倍和11倍，这意味着考虑两个间隙铰链的系统响应并非只是含一个间隙铰链时系统响应的简单叠加，相似的结论也可以在参考文献[74]中得到。该现象在同时考虑四个间隙铰链时甚至更明显，其原因在于多个间隙铰链之间的相互作用和累加的接触碰撞力使得系统响应愈发偏离理想输出，致使舵轴输出动态响应的非线性特性愈发明显，系统朝着混沌方向发展，如图3-15所示。

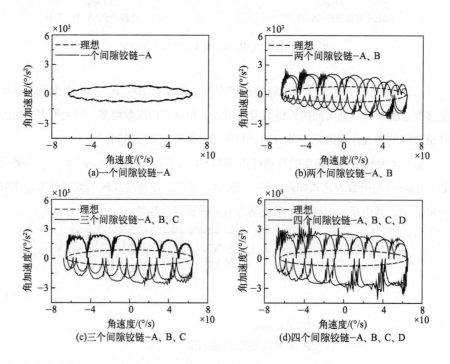

图3-15 含不同间隙铰链数量的舵轴角速度-角加速度相空间轨迹图

由表3-4可看出，工况二和工况三的角加速度波动峰值及RMS误差指数差别相对较小，这是由于铰链C中的组成构件轴承座3固定于地面，但由图3-15（b）和图3-15（c）仍可以观察到即使存在固定构件，系统非线性特性仍随间隙铰链数量增加而变强。

图3-16给出了舵轴角加速度的频谱分析，结果表明不仅系统的主频幅值随着间隙铰链数量的增加而增加，而且每个频率的贡献量也随之增加。

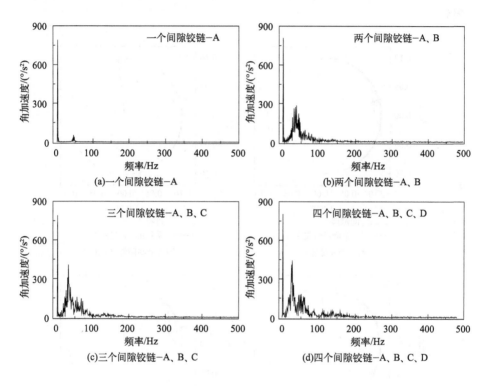

图3-16 含不同间隙铰链数量的舵轴角加速度频谱图

此外，对比图3-17中不同间隙铰链数量工况下铰链A中销轴的轴心轨迹图，可以发现，不同工况下，铰链A中的销轴运动轨迹均仅限于轴承边界的特定区域，这会加剧轴承局部区域的磨损、失效。对比图3-17（a）和图3-17（b）可知，当考虑两处铰链间隙时，铰链A和铰链B发生相互作用，使得工况二中铰链A的接触深度较工况一中接触深度更大；对比图3-17（b）和图3-17（c）可知，当加入铰链C处间隙影响时，销轴在接触状态、碰撞状态和自由状态三者之间切换频率降低，这是由于铰链C中存在固定于地面的组成构件轴承座3，但此时工况三中铰链

A的接触深度仍然比图3-17（a）中仅考虑一处铰链间隙时的接触深度大；对比图3-17（c）和图3-17（d）可知，当系统同时考虑四个间隙铰链时，多间隙铰链之间的相互作用使得铰链A中销轴较为频繁地在三种状态之间切换，此时间隙不仅使得铰链A处接触深度、接触力大，且稳定性较差。综上，与间隙铰链数量对舵轴角加速度和舵轴角速度–角加速度相空间轨迹的影响规律一致，多间隙铰链之间的相互作用对铰链动力学特性影响显著，因此必须将所有铰链建模为考虑间隙的真实铰链。

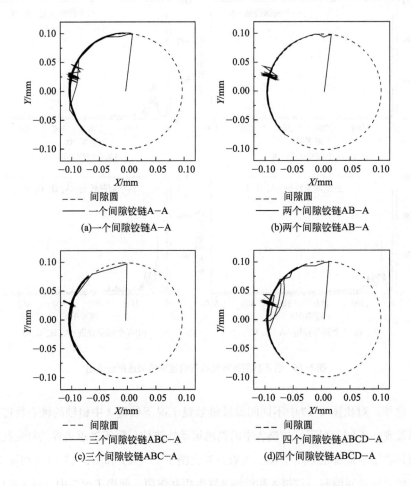

图3-17 不同间隙铰链数量工况下铰链A销轴轴心相对运动轨迹

图3-18为考虑四个间隙铰链时各铰链销轴中心相对于轴承中心的运动轨迹。可以发现，铰链A的接触深度较其他三处铰链更大，即表明距离输入构件最近的间

隙铰链承受较大的接触力，且可能容易导致构件产生变形、疲劳和磨损，相似的结论可在参考文献[72]中得到。铰链B处的销轴与轴承内壁发生碰撞，继而反弹后多次重复该动作，也就是说，在该铰链中可以经常观察到自由运动模式。由于间隙铰链B中的运动模式频繁变化，含四个间隙铰链的舵轴角加速度曲线是不连续的，并且在较短的时间间隔内呈脉冲型，系统响应较仅含一个间隙铰链A时的响应差别显著。此外，对于铰链C，运动模式变化频率和最大接触深度均较小，其原因为组成构件轴承座3固定于地面上。图3-18（d）表明铰链D中的销轴频繁地绕着间隙圆运动且相应的三个运动模式之间相互转换，这类似于铰链B中销轴的变化趋势，该现象是由于这两个铰链通过一刚性辅助杆连接，运动与力相互传递。

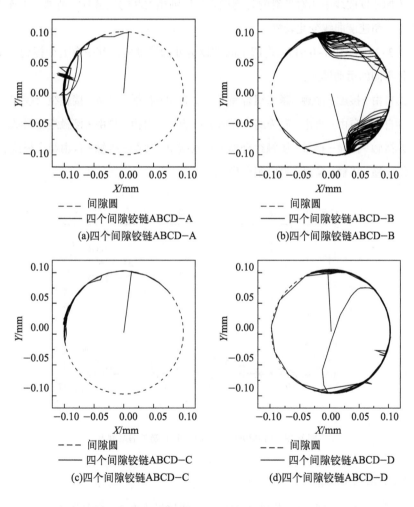

图3-18 考虑四个间隙铰链时不同铰链销轴轴心相对运动轨迹

3.3.4　组合运动模式

含间隙铰链具有三种运动模式：自由运动模式、碰撞模式和连续接触模式。因此，对于考虑四个间隙铰链的传动机构，将存在81种运动模式。由3.3.3节中舵轴角速度曲线（图3-13）和角加速度曲线（图3-14）可知：角加速度为零的时刻对应角速度曲线中速度为恒定值的时刻，即表明与舵轴相关联的铰链D中销轴处于自由运动状态，在轴承边界内自由运动，未对舵轴产生反作用力；角加速度曲线中的多次脉冲响应即代表与舵轴相关联的铰链D中销轴处于碰撞状态，销轴与轴承边界发生碰撞，对舵轴产生突然增大的反作用力，造成舵轴角加速度曲线出现脉冲形式；角加速度曲线中相对平滑的时刻代表与舵轴相关联的铰链D中销轴处于连续接触状态，角速度曲线变化较慢。

图3-19为0.011~0.017 s内四个间隙铰链处的接触力，其中有七个标记时刻表明七种不同的运动模式：

①自由-接触-接触-碰撞组合模式；②自由-接触-自由-接触组合模式；
③自由-自由-自由-碰撞组合模式；④自由-自由-自由-接触组合模式；
⑤接触-接触-接触-接触组合模式；⑥接触-接触-接触-自由组合模式；
⑦碰撞-接触-碰撞-自由组合模式。

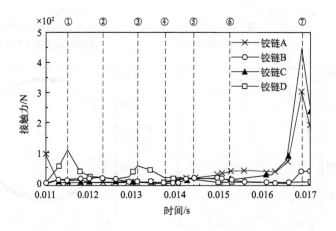

图3-19　仿真初始阶段四个间隙铰链处的接触力

（1）模式①③⑥⑦

如图3-20（a）所示，模式①中铰链A的接触力为0，销轴不会受到任何力，即表明铰链A处于自由运动状态；铰链B和铰链C处的接触力曲线较平滑，连续而稳定，则这两处铰链处于接触状态；铰链D的接触力在0.0115 s附近突然增大，意味着该铰链中销轴与轴孔发生碰撞，处于碰撞模式。因此，模式①中的系统处于自由-接触-接触-碰撞组合模式，而其他组合模式可以通过类似方法分析。

由于铰链D与摇臂和舵轴相连接，因此铰链D中销轴的运动可以影响舵轴输出响应。模式①中铰链D的接触力急剧增大至峰值，即代表销轴与轴孔发生碰撞，处于碰撞状态，这使得舵轴的角加速度发生突变，如图3-20（d）所示。同样地，在模式③中，当其他铰链处于自由运动模式时，碰撞模式下的铰链D使得系统角加速度输出在0.0131 s附近瞬间产生突变。

在模式⑥和⑦中，铰链D为自由运动模式，舵轴角加速度为零且角速度保持恒定不变，该现象可由图3-20（d）中0.015~0.017 s内观察而得。由上可见，与系统输出部分（舵轴）相连接的第四个铰链（铰链D）的运动模式可以反映出传动机构的运动状态和变化趋势。

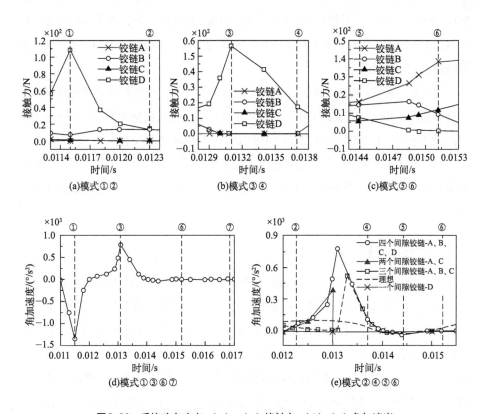

图3-20 系统动态响应：（a）~（c）接触力；（d）、（e）角加速度

（2）模式②④⑤⑥

如图3-20（b）所示，模式②表明铰链A和铰链C由于零接触力而处于自由运动模式，其他关节由于稳定变化的接触力而处于连续接触模式。因此，模式②的系统处于自由-接触-自由-接触组合模式。同样，可以分析其他组合模式。

在模式②中，铰链A和铰链C的接触力为0，即表明铰链A和铰链C处于自由运动状态；铰链B和铰链D的接触力曲线较平滑，即代表铰链B和铰链D的销轴与轴孔保持稳定接触，处于连续接触状态，则铰链B和铰链D在0.0123 s时刻销轴与轴孔间此时间隙影响较小，也就是说，在0.0123 s时传动机构内仅存在铰链A和铰链C的间隙，由图3-20（e）可得到，在0.0123 s时系统处于模式②，即自由-接触-自由-接触状态时，考虑4个铰链（A、B、C、D）间隙的舵轴角加速度曲线与仅考虑铰链A和铰链C间隙的舵轴角加速度曲线差距较小。

同理，模式④为自由-自由-自由-接触模式，仅铰链D销轴与轴孔间连续接触，则系统还存在三处铰链（A、B、C）间隙，由图3-20（e）可得，在0.013~0.0137 s内，当系统处于自由-自由-自由-接触模式下，考虑四个铰链（A、B、C、D）间隙的传动机构舵轴角加速度曲线与考虑三个铰链（A、B、C）间隙的系统输出响应曲线重合。

在接触-接触-接触-接触组合模式（模式⑤）下，系统舵轴的角加速度几乎与理想情况下相同。在模式⑥中，当前三个铰链处于连续接触运动时，系统输出响应曲线几乎与仅含第四个间隙铰链（铰链D）的角加速度曲线重叠。

因此，当某些铰链处于连续接触模式而其他铰链处于自由运动模式时，该系统的角加速度曲线将与接触模式下的铰链被建模为理想铰链时的角加速度曲线几乎吻合。

（3）稳定状态

图3-21为当系统达到稳定状态时四个铰链（A、B、C、D）的接触力曲线，可以发现：靠近输入部件的铰链A接触力最大，即代表铰链A将承受更严重的磨损和疲劳，这与图3-18中铰链A处的销轴接触深度最大结论一致；铰链B和铰链D由于通过一刚性辅助连杆连接，因此其接触力曲线几乎重叠；四个铰链（A、B、C、D）接触力的变化趋势在系统达到稳定后几乎一致，其原因为：在刚性多体系统内，一个铰链的碰撞将会立即引起其他铰链的碰撞。因此，间隙铰链会与其他铰链产生强烈的相互作用，在进行建模仿真时应全部考虑以更加准确地预测和分析多体

系统的动态行为。

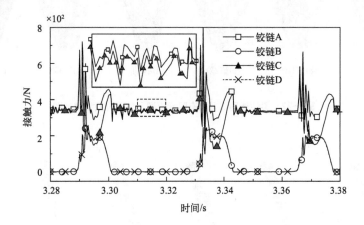

图 3-21　稳定状态时的四处铰链接触力

3.4　考虑铰链间隙的传动机构刚柔耦合动力学模型及分析

3.4.1　柔性构件动力学建模

由表3-2各构件材料参数可知，图3-6舵面传动系统动力学仿真模型中辅助摇臂、辅助连杆和摇臂材料为镁铝合金。辅助摇臂和摇臂在系统工作过程中同时承受拉压和弯扭载荷，辅助连杆为一细长连杆易产生较大变形，因此应将其视为柔性体。采用有限元软件ANSYS建立辅助摇臂、辅助连杆和摇臂的有限元模型，分别如图3-22（a）、图3-23（a）和图3-24（a）所示。

选择前二十阶固有频率和相应模态来模拟含柔性构件的系统动态行为。其中，辅助摇臂的前五个典型固有频率为3715.8 Hz、5437.1 Hz、7921.3 Hz、7946.1 Hz和7971.7 Hz，辅助连杆的前五个典型固有频率为690.40 Hz、1648.66 Hz、1869.88 Hz、2143.10 Hz和3588.54 Hz，摇臂的前五个典型固有频率为5839.3 Hz、6201.3 Hz、7240.9 Hz、7976.3 Hz和9260.8 Hz，其各阶模态分别如图3-22~图3-24所示。将上述三个柔性构件生成模态中性文件，根据不同工况依次导入ADAMS环境下的传动机构刚体动力学模型中，并通过刚性节点与该系统的其他刚性构件连接，至此获得系统刚柔耦合动力学模型。

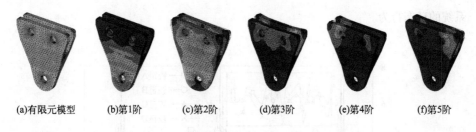

(a)有限元模型　　(b)第1阶　　(c)第2阶　　(d)第3阶　　(e)第4阶　　(f)第5阶

图3-22　柔性辅助摇臂的有限元模型及前五阶振型模态图

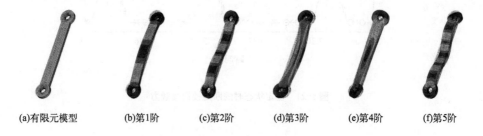

(a)有限元模型　　(b)第1阶　　(c)第2阶　　(d)第3阶　　(e)第4阶　　(f)第5阶

图3-23　柔性辅助连杆的有限元模型及前五阶振型模态图

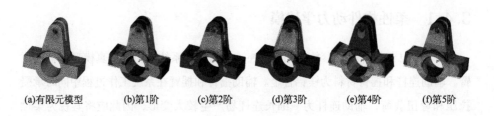

(a)有限元模型　　(b)第1阶　　(c)第2阶　　(d)第3阶　　(e)第4阶　　(f)第5阶

图3-24　柔性摇臂的有限元模型及前五阶振型模态图

3.4.2　含柔性构件的系统动力学特性分析

（1）驱动速度影响

本节分析驱动速度对系统动力学输出特性的影响，此时不考虑A、B、C、D四处铰链的间隙，即均为理想运动副。考虑辅助连杆的柔性，假设驱动速度分别为1 Hz、2 Hz、4 Hz和8 Hz。不同驱动速度下的舵轴角速度和角加速度曲线如图3-25～图3-28所示。

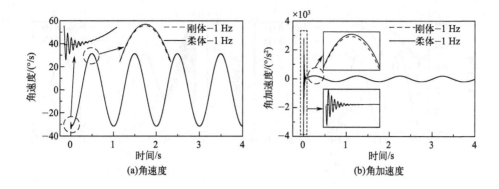

图3-25 驱动速度为1 Hz时的舵轴输出曲线

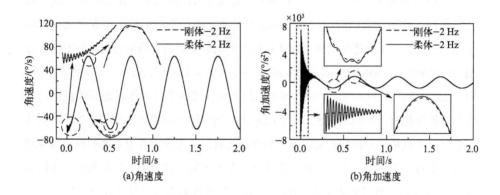

图3-26 驱动速度为2 Hz时的舵轴输出曲线

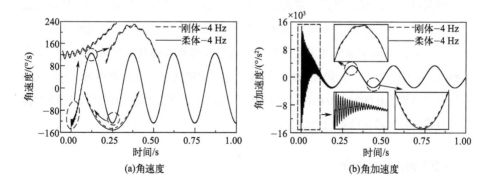

图3-27 驱动速度为4 Hz时的舵轴输出曲线

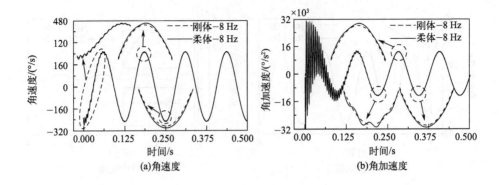

图 3-28 驱动速度为 8 Hz 时的舵轴输出曲线

分析图 3-25~图 3-28 可知：①不同驱动速度下的舵轴角速度和角加速度变化趋势相同，均为在系统启动时刻产生较大波动，进而平稳运行。随着驱动速度的成比例增加，舵轴角速度和角加速度在初始启动时刻的最大峰值也成比例增加，分别为 $-27.988°/s$、$-55.975°/s$、$-111.95°/s$、$-223.9°/s$ 和 $-3651.30°/s^2$、$-7825.673°/s^2$、$-15745.702°/s^2$、$-31491.805°/s^2$，即表明当系统仅考虑柔性而不考虑间隙铰链的碰撞及摩擦作用时，不同驱动速度对系统输出初始阶段影响相似。②相较于舵轴角速度曲线，柔性构件对角加速度曲线影响更加明显，后者较前者更加剧烈地围绕在理想曲线附近上下波动，直至达到稳定状态。③由不同驱动速度下的舵轴输出曲线局部放大图可知，当驱动频率为 1 Hz 时，舵轴角速度和角加速度均在第一个波峰处达到稳定状态，而当驱动频率为 8 Hz 时，舵轴角速度和角加速度分别在第三个波谷和第四个波谷处才到稳定状态，即表明随着驱动频率的增加，系统达到稳定状态所需时间越久，而在相对高速驱动下，例如 8 Hz 时，角速度和角加速度达到稳定状态所需时间不同，也表明了柔性体对角加速度的影响更大。④当系统达到稳定状态后，不同驱动速度下考虑柔性体的舵轴角速度相对理想状态时的误差分别为 0.004%、0.011%、0.045% 和 0.178%，同理，考虑辅助连杆柔性影响的舵轴角加速度相对误差分别为 0.002%、0.010%、0.038% 和 1.121%，误差均在 2% 以内，表明柔性构件对系统达到稳定状态后的输出影响不大。

（2）构件材料影响

根据式（2-46）可知：构件材料会影响两体之间的接触刚度，而接触刚度也能反映材料抵抗接触变形的能力[178]。构件材料的弹性模量越大，接触刚度就越大。

为了探究不同弹性模量对系统输出特性的影响，同时考虑辅助摇臂、辅助连杆和摇臂的柔性，假设不同工况下的构件材料弹性模量分别为E=45 GPa（镁铝合金）、E=110 GPa（钛合金）和E=209 GPa（45钢），即工况一为三个构件材料均为镁铝合金，工况二材料均为钛合金，工况三材料均为45钢。图3-29、图3-30分别为驱动频率为2 Hz时系统在不同构件材料下的舵轴角速度和角加速度曲线。其中，图3-29（b）、图3-29（c）和图3-30（b）、图3-30（c）分别为图3-29和图3-30的局部放大1和局部放大2。

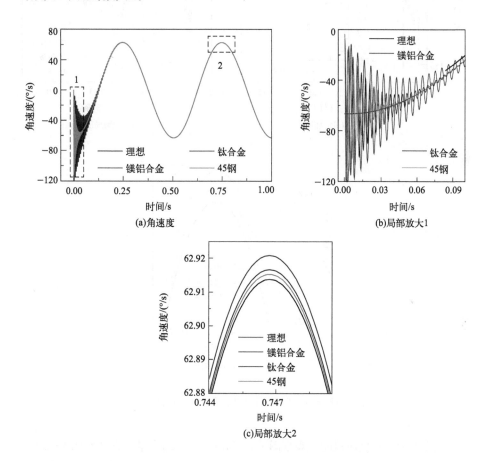

(a)角速度

(b)局部放大1

(c)局部放大2

图3-29 不同构件材料下的舵轴角速度

对比图3-26（a）和图3-29可知：当构件材料为镁铝合金，考虑三个构件柔性的舵轴角速度较仅考虑辅助连杆柔性的舵轴角速度在系统初始启动状态波动更加剧烈，达到稳定状态所需时间更长，其原因在于柔性构件数量越多，系统的弹性变形越大；同理观察图3-26（b）和图3-30中的舵轴角加速度曲线可得到相似的趋势。

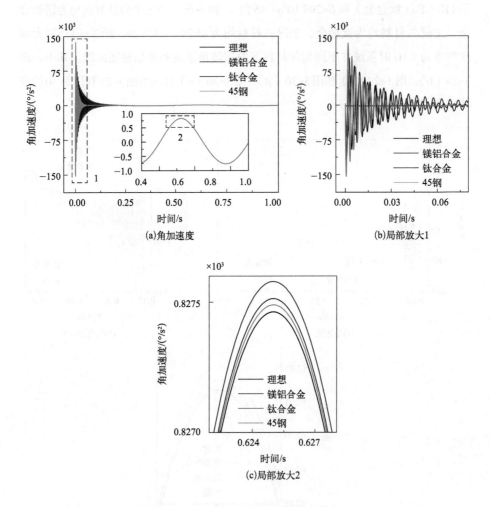

(a)角加速度

(b)局部放大1

(c)局部放大2

图3-30 不同构件材料下的舵轴角加速度

当系统处于初始阶段时，观察图3-29（b）所示舵轴角速度曲线和图3-30（b）所示舵轴角加速度曲线可知：不同构件材料下的角速度曲线均围绕理想曲线上下波动，45钢的波动程度最小，钛合金次之，镁铝合金最大，其原因为构件弹性模量越大，接触刚度越大，弹性变形量越小，越能快速达到稳定状态。

当系统处于稳定状态时，观察图3-29（c）和图3-30（c），由不同材料下的舵轴角速度和角加速度曲线较理想曲线的偏差可知：不同柔性体材料下的舵轴角速度相对理想状态时的误差分别为0.002%、0.005%和0.011%；同理，不同柔性体材料下的舵轴角加速度相对误差分别为0.003%、0.006%和0.014%。45钢偏差最小，钛合金次之，镁铝合金最大。

3.4.3 柔性与间隙耦合的系统动力学特性分析

当不考虑辅助摇臂、辅助连杆和摇臂的柔性时，传动机构定义为刚体系统；当考虑上述三个构件的柔性时，传动机构定义为刚柔耦合系统。本节内容将分析构件柔性与铰链间隙耦合作用对舵轴角速度、角加速度及相空间轨迹的影响。

通过3.3节铰链间隙对传动机构输出特性的影响因素分析，得到了不同间隙尺寸、间隙铰链位置、间隙铰链数量对舵轴角度、角速度和角加速度等的影响。研究结果表明，铰链间隙的存在使得构件间产生接触碰撞力，该力改变了系统理想状态下的拓扑结构，使之产生振动，从而降低了系统的稳定性及运动精度。由3.4.2节可知，柔性构件产生的弹性变形也会对多体系统动力学输出特性产生影响。在含间隙的柔性系统中，铰链间隙不仅影响铰链处构件的接触碰撞情况，且会影响柔性构件的弹性变形情况，而柔性构件对铰链间隙亦存在相互耦合影响。因此，本节将研究柔性构件与铰链间隙共同作用下的系统动力学特性，包含单间隙铰链下柔性体数量影响、单柔性体下间隙铰链数量影响和多柔性体与多间隙铰链耦合影响。

（1）单间隙铰链下柔性体数量影响

为了研究考虑单间隙铰链时不同柔性体数量工况下的舵轴动力学输出特性是如何变化的，假设此时仅铰链A含间隙，间隙为0.1 mm，其余三处铰链为理想状态，依次分别考虑不同柔性体数量的影响，即辅助连杆（工况一），辅助摇臂和辅助连杆（工况二），辅助摇臂、辅助连杆和摇臂（工况三）。不同工况下的仿真结果如图3-31~图3-33所示。

图3-31（a）为单间隙铰链下考虑不同柔性体数量的舵轴角速度曲线，可以发现，当仅考虑作动杆和辅助摇臂之间的铰链间隙时，传动机构刚体模型和传动机构刚柔耦合模型的舵轴角速度曲线基本一致，即表明柔性对含单间隙铰链的传动机构输出特性影响不大。但由图3-31（b）中的局部放大图可观察到：随着柔性体数量的增加，舵轴角速度的波动程度逐渐减小，曲线趋于光滑，直至将辅助摇臂、辅助

连杆和摇臂的柔性全部考虑时，间隙铰链的碰撞作用几乎消失，舵轴角速度曲线仅与理想曲线有一定偏差，不再产生明显抖动。

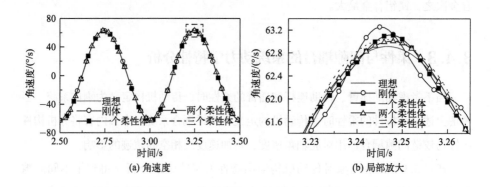

图3-31 单间隙铰链下考虑不同柔性体数量的舵轴角速度

图3-32为单间隙铰链下考虑不同柔性体数量的舵轴角加速度曲线，其中图3-32（b）、图3-32（c）分别为图3-32的局部放大1和局部放大2。红色曲线表示的刚体系统舵轴动态响应波动程度最大，其围绕着理想曲线上下波动，而当考虑构件柔性，由图3-32（b）、（c）可知，不论是蓝色曲线表示的考虑辅助连杆柔性，还是绿色曲线表示的考虑辅助连杆和辅助摇臂柔性，这两种工况下的角加速度曲线均呈现出较小的波动，而当系统考虑三个构件柔性时的输出曲线接近于理想曲线。因此，构件柔性可以对多体系统中含间隙铰链处的接触碰撞起到一定的缓冲及减弱作用，提高了系统的运动平稳性。

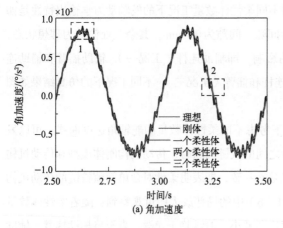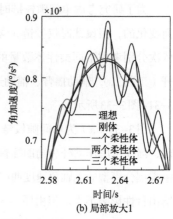

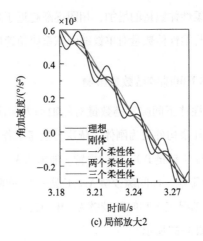

(c) 局部放大2

图3-32 单间隙铰链下考虑不同柔性体数量的舵轴角加速度

图3-33为单间隙铰链下考虑不同柔性体数量的舵轴角速度–角加速度相空间轨迹图，结果表明：不考虑构件柔性下的相图较其他考虑柔性后的相图具有一定的

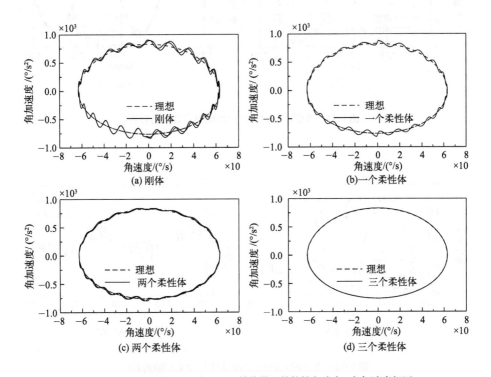

(a) 刚体   (b) 一个柔性体

(c) 两个柔性体   (d) 三个柔性体

图3-33 单间隙铰链下考虑不同柔性体数量的舵轴角速度–角加速度相图

混沌特性，而随着柔性体数量的增加，相图逐渐趋近于理想状态，直至几乎与理想状态吻合，该规律与柔性体数量对单铰链间隙系统角速度和角加速度的影响一致。

（2）单柔性体下间隙铰链数量影响

为了研究单柔性体下间隙铰链数量对舵轴动力学输出特性的影响，假设考虑辅助连杆的柔性，其余构件视为刚体，依次分别考虑作动杆−辅助摇臂（铰链A）、辅助摇臂−辅助连杆（铰链B）、辅助摇臂−轴承座3（铰链C）和辅助连杆−摇臂（铰链D）处的间隙影响，即间隙铰链A（工况一），间隙铰链A、B（工况二），间隙铰链A、B、C（工况三）和间隙铰链A、B、C、D（工况四）。不同工况下的仿真结果如图3-34~图3-37所示。

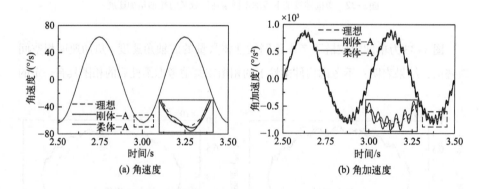

图3-34 考虑辅助连杆柔性时铰链A处间隙的影响

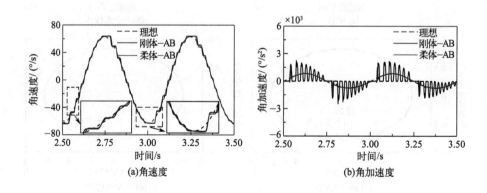

图3-35 考虑辅助连杆柔性时铰链A、B处间隙的影响

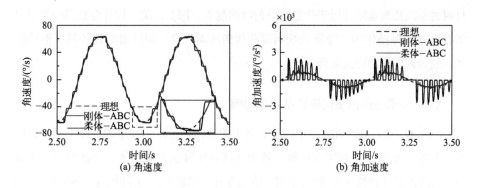

图3-36 考虑辅助连杆柔性时铰链A、B、C处间隙的影响

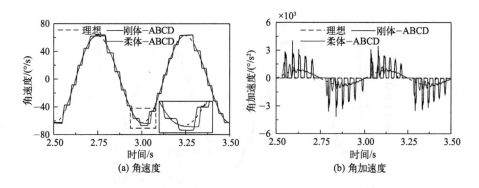

图3-37 考虑辅助连杆柔性时铰链A、B、C、D处间隙的影响

对比图3-34和图3-35可知，不管是否考虑构件柔性，考虑两个铰链间隙时的舵轴角速度和角加速度波动峰值均比仅考虑一个铰链间隙时大，波动形式也由沿理想曲线上下平稳波动转变为脉冲波动，其表明：即使加入柔性构件的影响，铰链间隙对系统输出动态响应的稳定性仍不可忽视。

由图3-34~图3-37可看出：与含不同间隙铰链数量的刚体系统舵轴输出曲线相比，柔性辅助连杆对舵轴角速度和角加速度输出曲线的波动程度均有一定缓冲作用。①含柔性辅助连杆系统在舵轴最大角速度处产生波动，随即趋于理想曲线，光滑平稳变化，明显降低了铰链间隙对刚体系统舵轴角速度带来的不利影响。②含不同间隙铰链数量的刚柔耦合系统角加速度曲线波动趋势与刚体系统相似，但前者波动峰值低于后者，不同工况下加速度均呈现在换向时达到最大并随之在柔性构件的作用下逐渐趋于稳定的现象，不同之处在于，随着铰链数量的增加，含柔性辅助连杆时的系统角加速度接近于理想状态的时间越久。综上，柔性构件会减弱间隙引起的铰链接触碰撞作用，降低系统响应曲线的波动程度，但随着间隙铰链个数的增加，这种减弱作用会逐渐降低。

（3）多柔性体和多间隙铰链耦合影响

（1）和（2）分别研究了单间隙铰链下柔性体数量影响和单柔性体下间隙铰链数量影响，本节将考虑辅助摇臂、辅助连杆和摇臂三个柔性体，并同时考虑作动杆−辅助摇臂（铰链A）、辅助摇臂−辅助连杆（铰链B）、辅助摇臂−轴承座3（铰链C）和辅助连杆−摇臂（铰链D）处的铰链间隙影响，研究多柔性体和多间隙铰链耦合作用对舵轴动力学输出特性的影响，仿真结果如图3-38~图3-39所示。

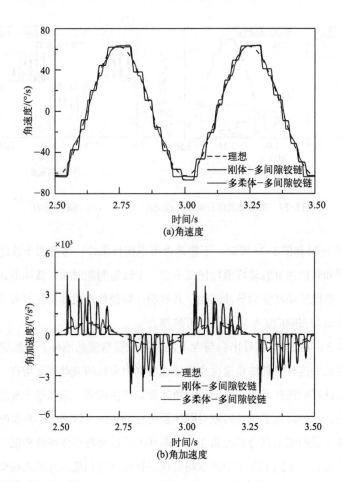

图3-38　考虑多柔体和铰链A、B、C、D处间隙的影响

当系统考虑辅助摇臂、辅助连杆和摇臂三个柔性体时，对比图3-38（a）所示含四处铰链和图3-31所示含一处铰链的舵轴角速度曲线，前者沿理想曲线波动并伴随少数脉冲形式，后者与理想曲线差别不大，而对比图3-38（b）所示含四个铰链和图3-32所示含一个铰链的舵轴角加速度曲线，前者的脉冲波动在柔性阻尼的作用下逐渐降低，后者沿理想曲线小幅度上下波动；当系统考虑四个铰链间隙时，对比图3-38所示含三个柔性体和图3-37所示含一个柔性体的舵轴输出曲线，仿真结果表明：前者波动剧烈程度和舵轴角加速度波动峰值更大，因为当系统考虑多间隙时，并非柔性体数量越多，越能缓冲铰链间隙带来的碰撞影响，柔性体产生的弹性变形与铰链间隙的碰撞耦合作用也许会降低构件柔性减弱间隙碰撞作用的程度。但不论是单间隙铰链多柔性体、单柔性体多间隙铰链、多柔性体多间隙铰链的哪一种工况，当含间隙铰链的系统中加入柔性构件元素，相较于多刚体系统，构件柔性在不同程度上均会缓冲铰链间隙带来的不利影响，使系统尽可能地趋于平稳运行状态。

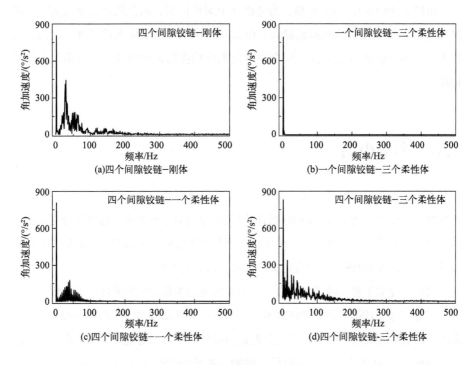

图3-39 舵轴角加速度频谱图

如图3-39所示为不同工况下的舵轴角加速度频谱图，包含仅含多间隙铰链不含柔性体、单间隙铰链不同柔性体数量、单柔性体不同间隙铰链数量、多柔性体和多间隙铰链耦合四种工况。不同工况下的主频基本均保持在2 Hz，幅值也较为接近，分别为805.15 °/s²，792.37 °/s²，798.90 °/s²和821.83 °/s²，其中仅考虑一个间隙铰链三个柔性体时的幅值最小，而同时考虑四个间隙铰链和三个柔性体时的幅值最大，因为多间隙铰链间的相互作用与多柔性体的弹性变形耦合作用使得系统趋于混沌，稳定性降低，而单间隙铰链的接触碰撞力作用在柔性体的缓冲作用下被逐渐消耗，使系统趋于稳定。

对比图3-39（a）、（c）、（d）可知，此三种工况下由于多个间隙铰链的碰撞－分离－自由运动模式及脉冲式的接触力相互作用，使系统呈现低频高峰值振荡特性，但仅考虑铰链间隙作用的舵轴角加速度频谱图在其余频段的峰值较同时考虑单间隙铰链和多个柔性体作用时的峰值更高，其原因为柔性构件可以降低间隙铰链的碰撞冲击作用，但当多间隙铰链多柔性体共同作用时，其余频段的贡献量较仅考虑单柔性体作用时高，其结果也与前文中舵轴角加速度曲线结果一致。

由图3-39（b）、（d）可知，当考虑多个柔性体时，间隙铰链数量越多，主频幅值越大，不同频段的贡献量越大，单间隙作用下的系统输出接近理想状态，而后者由于多间隙铰链多柔性体耦合作用使系统响应偏离理想状态，输出呈非线性特性。

3.5 本章小结

首先，本章以曲柄滑块机构为研究对象，经用户自定义子程序二次开发，将改进接触力模型嵌入考虑铰链间隙的曲柄滑块机构动力学模型中，通过连杆与滑块之间三组不同间隙尺寸工况下的数值仿真结果与文献实验结果的对比，验证了多体动力学仿真软件ADAMS建模及自定义接触力方法的有效性。

然后，建立了基于改进接触力模型的含铰链间隙传动机构刚体动力学模型，分析了间隙尺寸、铰链位置、铰链数量及运动模式对舵轴输出特性的影响规律。结果表明：①舵轴角加速度曲线对铰链间隙最为敏感，间隙尺寸越大，输出曲线围绕理想曲线的波动幅度越大、频率越低，即轴与轴承间的碰撞次数和碰撞强度随着铰链间隙尺寸的增大而分别减小和增大，高接触碰撞力作用下的振荡持续时间增长。②与作动杆相连的铰链处间隙较其他铰链位置而言，对系统输出的稳定性影响最大，系统相空间轨迹图混沌性最强。③随着间隙铰链数量的增加，舵轴角加速度的振荡幅度显著增加并呈高峰值、脉冲式响应，且含两个间隙铰链的系统响应并非只是含一个间隙铰链时系统响应的简单叠加，多个间隙铰链之间的相互作用使得系统响应愈发偏离理想输出。④销轴在轴承内经历三种运动模式，包括自由运动模式、碰撞模式和连续接触模式，则存在 n 个铰链间隙的系统有 3^n 个运动组合模式；系统输出响应的变化趋势，即角速度和角加速度，可由与输出部件相连接的铰链运动模式判断；若在考虑 n 个间隙铰链的系统内有 m 个铰链处于接触模式，其余（$n-m$）个铰链处于自由运动模式，则该 m 个含间隙铰链可被认为是理想铰链，系统响应与仅考虑其余（$n-m$）个间隙铰链的响应吻合；靠近系统输入部件的铰链承受更大的接触力载荷；任意一处铰链的碰撞将会引起其余铰链的碰撞。因此，间隙铰链会与其他铰链产生强烈的相互作用，在进行建模仿真时应全部考虑以更加准确地预测和分析多体系统的动态行为。

再者，利用有限元软件 ANSYS 建立辅助摇臂、辅助连杆和摇臂的柔性体模型，得到传动机构刚柔耦合动力学模型，分析了不同驱动速度和构件材料的影响，研究发现：系统响应在不同驱动速度下均围绕在理想曲线附近上下波动直至达到稳定状态，且随着驱动频率的增加，系统达到稳定状态所需时间越久；不同构件材料下的舵轴响应曲线也均沿理想状态曲线振荡，且构件弹性模量越小的材料波动程度越大。

最后，同时考虑铰链间隙和构件柔性的影响，分析二者间的相互耦合作用和内在相互关系对系统输出的影响。研究结果表明：①构件柔性可以减弱铰链间隙对舵轴动力学输出的影响，提高系统的运动平稳性，且随着柔性体数量的增加，曲线波动程度逐渐减小，不再产生明显抖动，趋于光滑。②与含不同间隙铰链数量的刚体系统舵轴输出曲线相比，柔性辅助连杆对舵轴角速度和角加速度响应的波动程度均有一定缓冲作用，可以减弱铰链间隙引起的构件间接触碰撞作用，但随着间隙铰链数量的增加，这种减弱作用会逐渐降低。③当系统同时考虑多间隙铰链和多柔性体时，并非柔性体数量越多，越能缓冲铰链间隙带来的碰撞影响，柔性体产生的弹性变形与间隙铰链的碰撞耦合作用也许会降低构件柔性减弱间隙铰链碰撞作用的程度，多间隙铰链之间的相互作用与多柔性体的弹性变形耦合作用使得系统趋于混沌，稳定性降低。

4 电动舵机建模与动力学特性分析

4.1 概述

舵机是飞机电传操纵系统的执行机构，是飞控系统的关键环节之一，其可控制飞行器飞行姿态和航行轨迹[179]。电动舵机以其高效率、高集成度、高可靠性和较好的安装维护性，被广泛应用于飞机、运载火箭、导弹、卫星等飞行器控制领域[180]。电动舵机属于位置随动系统，其是否能够快速、准确地响应飞控指令，对舵面传动系统总体性能好坏具有直接影响。但电动舵机内部结构的刚度、间隙和摩擦等非线性环节会使系统出现位置跟踪误差大、极限环振荡、滞后等现象，对系统的位置精度、带宽造成不良影响。

本章以基于永磁同步电机三闭环控制的电动舵机为研究对象，首先介绍其内部结构组成，然后分别建立了永磁同步电机、$i_d = 0$电流矢量控制及行星滚柱丝杠机械传动部件的数学模型。以AMESim为开发平台，建立了电动舵机仿真模型，并针对系统非线性影响因素及不同位置阶跃指令下的响应进行动力学特性分析，最终通过相同指令下与文献中舵机输出位移跟踪曲线及误差曲线的对比，验证本章所提出模型的有效性。

4.2 结构组成

电动舵机（Electro-Mechanical Actuator，EMA）由作动器控制电子装置（Actuator Control Electronics，ACE）、电机、减速装置、行星滚柱丝杠（或者滚珠丝杠）、传感器等组成，如图4-1所示。其工作原理为：ACE接收飞控计算机发送的舵机指令信号，控制电机高速旋转，经过减速装置减速、增扭，由丝杠副将旋转运

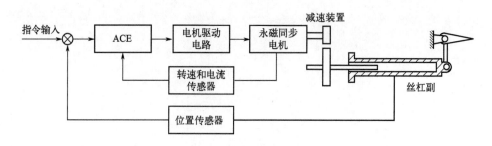

图4-1　电动舵机结构组成

动转化为直线运动，输出直线位移，进而驱动飞机舵面发生偏转。此外，舵面位置信号、电机输出轴转速信号和电机电流信号都相应地反馈至位置控制器、转速控制器和电流控制器，实现飞控电动舵机的位置环－转速环－电流环三闭环反馈控制。

（1）电机

电机是电动舵机的关键组成部分，表4-1所示为不同电机的种类及优缺点。永磁同步电机（Permanent Magnet Synchronous Motor，PMSM）因其高功率因数、高效率、高可靠性、小体积的优势，被普遍应用于高控制性能、高精度领域。本书以永磁同步电机作为电动舵机动力源。

表4-1　不同电机的种类及优缺点

种类	优点	缺点
直流电机	控制简单、运行效率高、调速性能好	有电刷和换向器，换向时摩擦带来了噪声、火花、电磁干扰及使用寿命短
感应电机	结构简单、成本低、体积小、鲁棒性好	转速调节复杂、气动性能较差
开关磁阻电机	鲁棒性好、成本低	电机存在脉动、噪声大
无刷直流电机 BLDC	功率密度高、使用寿命长、可靠性高、转速高、转动惯量小、散热容易	适用于大功率工作环境，电流换相时转矩脉冲大
永磁同步电机 PMSM	转动惯量小、效率高、体积小、重量轻、可靠性高	控制器复杂

（2）驱动控制技术

永磁同步电机多采用矢量控制技术进行调速，其将三相电压、磁链、电流通过坐标变换转换到两相参考坐标系，将其解耦为交直轴两类分量，维持定子电流的励磁分量不变，控制转矩分量。矢量控制具有良好的转矩响应、速度控制精确的优点。永磁同步电机矢量控制系统的调制方法有正弦脉宽调制和空间矢量脉宽调制（Space Vector Pulse Width Modulation，SVPWM）两种，其中SVPWM算法直观、物理意义清晰。

（3）减速装置

电动舵机的减速装置一般由齿轮副组成，在减速的同时可以实现力矩综合，具有传动效率高、传动比大、稳定性能好、可靠性高等优点。

（4）执行机构

执行机构，是电动舵机的关键组成部分之一，直线作动时主要有滑动丝杠、滚珠丝杠和行星滚柱丝杠等形式，主要作用为：减速增扭，将伺服电机输出轴的高转速降低至负载所需的低转速，并同时将电机输出轴的低扭矩增加至负载轴所需的高扭矩；转换运动方式，例如丝杠旋转运动转化为螺母直线运动。其中滚珠丝杠和行星滚柱丝杠通过滚动元件进行动力传输，进而有效降低系统摩擦损耗、提高承载力、提高传动效率。行星滚柱丝杠（Planetary Roller Screw Mechanism，PRSM）作为一种新型传动机构，以其先进的设计原理及高承载、高精度等优点可以满足电动舵机在高速高载、高精度等条件下的应用需求，具有承载能力高、体积小、刚性强、寿命长、动态性能良好和安装及维护方便等优点。

本书对象为基于行星滚柱丝杠的直驱式电动舵机，即不含减速装置，将行星滚柱丝杠和电机集成在一起。直驱式电动舵机由于无齿轮减速装置，可减轻重量、减小体积，具有结构紧凑、集成度高的特点，且消除了齿轮间隙对动态响应的影响。电动舵机是包含电力电子、机械传动、热平衡的多学科耦合、高度非线性系统，解析分析已不再适用，数值模拟已成为系统建模和分析功率流向的必然选择[147]。本章基于AMESim建立飞控电动舵机系统级仿真模型。AMESim以图形化建模方式为依托，通过建立实际工程系统的半物理化模型来表达系统与元件间的功率传递和负载效应，从而进行系统稳态、动态性能以及时域、频域特性分析，且其可以通过接口实现多软件联合仿真及模型之间的多变量交互，进而解决复杂系统的多学科多领域交叉耦合问题[181, 182]。

4.3　电动舵机仿真模型

电动舵机是一种典型的位置随动控制系统，其控制方法一般采用多环控制结构。本研究采用永磁同步电机电流、转速、位置三闭环控制结构。根据电动舵机的性能需求，设计各控制环节参数，最终实现较佳的舵机控制效果。其中电流环可提高系统的动态响应能力、减小超调量；转速环是电动舵机伺服控制系统的中间环节，可以提高舵机控制系统的快速性与抗外界干扰的能力，从而改善系统动态性能；位置环通过控制位置指令信号与位置传感器检测的实际系统位置信号二者间偏差以实现位置准确跟踪[183]。

4.3.1 永磁同步电机模型

（1）*abc*坐标系永磁同步电机模型

为了简化永磁同步电机数学模型建模过程，作以下假设：忽略电机定子铁芯饱和、涡流和磁滞的影响；定子三相绕组均匀对称分布；忽略电机绕组漏感，永磁材料电导率为零；绕组产生的气隙磁场正弦分布[184]。

基于以上假设，永磁同步电机的电压方程为：

$$U = RI + L \cdot \frac{\mathrm{d}}{\mathrm{d}t}I + E \tag{4-1}$$

式中　U —— 三相定子绕组电压，$U = \begin{bmatrix} u_a & u_b & u_c \end{bmatrix}^{\mathrm{T}}$；

$\quad\;\; I$ —— 三相定子绕组电流，$I = \begin{bmatrix} i_a & i_b & i_c \end{bmatrix}^{\mathrm{T}}$；

$\quad\;\; R$ —— 三相定子绕组电阻，$R = \begin{bmatrix} R_a & 0 & 0 \\ 0 & R_b & 0 \\ 0 & 0 & R_c \end{bmatrix}$；

$\quad\;\; E$ —— 每相反电动势，$E = \begin{bmatrix} e_a & e_b & e_c \end{bmatrix}^{\mathrm{T}}$。

$$L = \begin{bmatrix} l-m & 0 & 0 \\ 0 & l-m & 0 \\ 0 & 0 & l-m \end{bmatrix} \tag{4-2}$$

式中　l —— 各相绕组自感；

$\quad\;\; m$ —— 各相绕组互感。

电磁转矩方程为：

$$T_e = \left(e_a i_a + e_b i_b + e_c i_c \right) / \omega_m \tag{4-3}$$

式中 T_e —— 电磁转矩；

ω_m —— 电机机械角速度，rad/s。

电机机械运动方程为：

$$T_e - T_L = J\frac{\mathrm{d}\omega_m}{\mathrm{d}t} + B\omega_m \qquad (4\text{-}4)$$

式中 T_L —— 负载转矩；

J —— 转动惯量；

B —— 阻尼系数。

（2）坐标变换

图 4-2 所示为 abc、$\alpha\beta$ 和 dq 三者坐标系之间的坐标关系，其中：abc 为自然坐标系，$\alpha\beta$ 为静止坐标系，dq 为同步旋转坐标系。

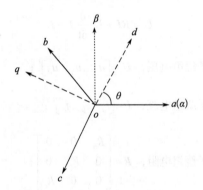

图 4-2   坐标关系

abc 坐标系到 $\alpha\beta$ 坐标系的 Clark 变换表达式为：

$$\begin{pmatrix} i_\alpha \\ i_\beta \end{pmatrix} = \sqrt{\frac{2}{3}}\begin{pmatrix} 1 & -\dfrac{1}{2} & -\dfrac{1}{2} \\ 0 & \dfrac{\sqrt{3}}{2} & -\dfrac{\sqrt{3}}{2} \end{pmatrix}\begin{pmatrix} i_a \\ i_b \\ i_c \end{pmatrix} \qquad (4\text{-}5)$$

$\alpha\beta$ 坐标系到 dq 坐标系的 Park 变换表达式为：

$$\begin{pmatrix} i_d \\ i_q \end{pmatrix} = \begin{pmatrix} \cos\theta & \sin\theta \\ -\sin\theta & \cos\theta \end{pmatrix}\begin{pmatrix} i_\alpha \\ i_\beta \end{pmatrix} \qquad (4\text{-}6)$$

则 abc 坐标系和 dq 坐标系的变换为：

$$\begin{pmatrix} i_d \\ i_q \end{pmatrix} = \sqrt{\frac{2}{3}} \begin{pmatrix} \cos\theta & \cos(\theta-120°) & \cos(\theta+120°) \\ -\sin\theta & -\sin(\theta-120°) & -\sin(\theta+120°) \end{pmatrix} \begin{pmatrix} i_a \\ i_b \\ i_c \end{pmatrix} \qquad (4-7)$$

逆变换为：

$$\begin{pmatrix} i_a \\ i_b \\ i_c \end{pmatrix} = \sqrt{\frac{2}{3}} \begin{pmatrix} \cos\theta & -\sin\theta \\ \cos(\theta-120°) & -\sin(\theta-120°) \\ \cos(\theta+120°) & -\sin(\theta+120°) \end{pmatrix} \begin{pmatrix} i_d \\ i_q \end{pmatrix} \qquad (4-8)$$

AMESim通过电机库中坐标变换模块来实现式（4-7）和式（4-8），如图4-3所示。

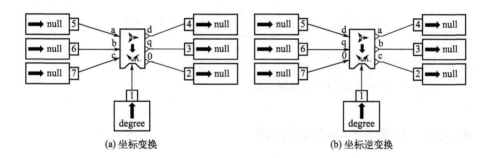

(a) 坐标变换   (b) 坐标逆变换

图4-3 坐标变换模块

（3）dq 坐标系永磁同步电机模型

电压方程：

$$\begin{cases} u_d = Ri_d + \dfrac{\mathrm{d}}{\mathrm{d}t}\psi_d - \omega_e\psi_q \\[2mm] u_q = Ri_q + \dfrac{\mathrm{d}}{\mathrm{d}t}\psi_q + \omega_e\psi_d \end{cases} \qquad (4-9)$$

式中 u_d，u_q，i_d，i_q，ψ_d，ψ_q ——dq 轴定子电压、电流、磁链；

                R ——定子电阻；

                ω_e ——电角速度。

磁链方程：

$$\begin{cases} \psi_d = L_d i_d + \psi_f \\ \psi_q = L_q i_q \end{cases} \quad (4\text{-}10)$$

式中　　L_d，L_q——dq 轴定子电感；

　　　　ψ_f——永磁体磁链。

定子电压方程：

$$\begin{cases} u_d = Ri_d + L_d \dfrac{\mathrm{d}}{\mathrm{d}t} i_d - \omega_e L_q i_q \\ u_q = Ri_q + L_q \dfrac{\mathrm{d}}{\mathrm{d}t} i_q + \omega_e (L_d i_d + \psi_f) \end{cases} \quad (4\text{-}11)$$

电磁转矩方程：

$$T_e = \frac{3}{2} p_n (\psi_d i_q - \psi_q i_d) = \frac{3}{2} p_n i_q \left[\psi_f + i_d (L_d - L_q) \right] \quad (4\text{-}12)$$

式中　　T_e——电磁转矩；

　　　　p_n——三相永磁同步电机极对数。

4.3.2　永磁同步电机矢量控制

永磁同步电机矢量控制方法有四种：$i_d = 0$ 控制、$\cos\varphi = 1$ 控制、恒磁链控制、转矩电流比最大控制。本书采用 $i_d = 0$ 控制方法，坐标系为 dq 旋转坐标系，式（4-12）简化为：

$$T_e = \frac{3}{2} p_n \psi_f i_q \quad (4\text{-}13)$$

永磁同步电机的 $i_d = 0$ 电流矢量控制方法原理框图如图 4-4 所示，采用位置环-速度环-电流环三闭环控制，主要包括舵机位置检测、电流检测、转子位置传感器及电机速度计算模块、电流环 PI 控制器、转速环 PI 控制器、Park 变换、Clark 变换、空间矢量脉宽调制（Space Vector Pulse Width Modulation，SVPWM）模块、三相逆变桥和丝杠传动部件等模块。具体控制过程如下：输入舵机位置参考指令后，由位置环 PI 控制器产生转速控制指令，经转速环 PI 控制器输出参考电流 i_q，由 Park 逆变换和 Clark 逆变换得到 SVPWM 模块的输入信号，经过 SVPWM 模块计算电机控制电压，从而输出到三相逆变桥提供电机绕组，以产生相应电流驱动电机转子进行旋转运动。控制过程中电机转子转速反馈由电机转子位置传感器提供，电流反馈由三相电流传感器提供，并经过 Clark 变换得到 i_α 和 i_β，然后经过 Park 变换得到 i_d 和 i_q 至电流环 PI 控制器，位置反馈由直线位移传感器提供，三者均由 ACE 处理计算获得，最终实现舵机的三闭环伺服控制。

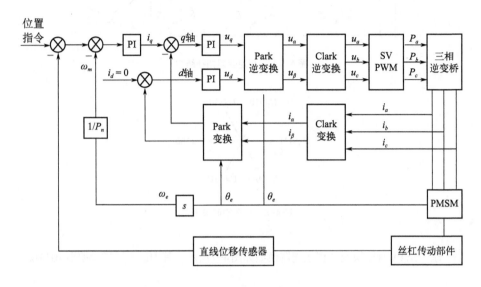

图 4-4 永磁同步电机电流矢量控制原理框图

由图 4-4 可知，三相永磁同步电机的电流矢量控制包括空间矢量脉宽调制（SVPWM）算法、转速环 PI 控制器以及电流环 PI 控制器。

（1）空间矢量脉宽调制

SVPWM 是 $i_d = 0$ 控制方法的主要调制方法，其产生 PWM 信号以驱动智能功率模块（Intelligence Power Module，IPM）进行工作。SVPWM 技术算法简单，物理意义明确，本书采用该技术实现电动舵机中永磁同步电机的控制。

图 4-5 为三相逆变器拓扑结构示意图，"1"代表逆变器对应开关管导通状态，"0"代表开关管关断状态，则开关管具有"000""001""010""011""100""101""110"和"111"八种状态，分别记为 U_0（000）、U_1（001）、U_2（010）、U_3（011）、U_4（100）、U_5（101）、U_6（110）和 U_7（111），称之为基本电压矢量，其中 U_0 和 U_7 为零状态矢量，其余状态为有效工作矢量。如图 4-6 所示，任意给定幅值的电压矢量均可通过处于此扇区内的有效工作矢量和零状态矢量进行合成。

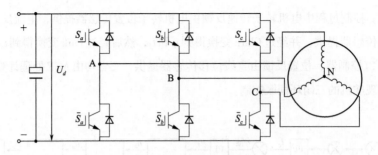

图 4-5 三相逆变器拓扑结构

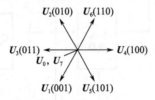

图 4-6 电压空间矢量

建立 SVPWM 模块及三相逆变器模型如图 4-7 所示，其中设置采样频率取 10 kHz。

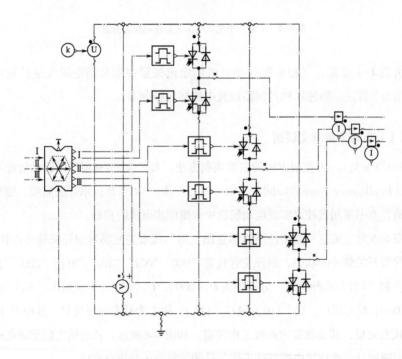

图 4-7 SVPWM 模块及三相逆变器模型

（2）转速环PI控制器设计

电机机械运动方程：

$$J\frac{\mathrm{d}\omega_m}{\mathrm{d}t} = T_e - T_L + B\omega_m \qquad (4\text{-}14)$$

电磁转矩方程：

$$T_e = \frac{3}{2}p_n i_q \left[\psi_f + i_d(L_d - L_q)\right] \qquad (4\text{-}15)$$

定义有功阻尼为：

$$i_q = i' - B_a\omega_m \qquad (4\text{-}16)$$

定义式（4-14）中 $T_L = 0$，即电机空载启动，再采用 $i_d = 0$ 控制算法，则由式（4-14）~式（4-16）可得：

$$\frac{\mathrm{d}\omega_m}{\mathrm{d}t} = \frac{3p_n\psi_f}{2J}(i_q' - B\omega_m) - \frac{B}{J}\omega_m \qquad (4\text{-}17)$$

将式（4-17）的极点配置到期望闭环带宽 β，则转速相对于 q 轴电流的传递函数为：

$$\omega_m(s) = \frac{3p_n\psi_f}{2(s+\beta)J}i_q'(s) \qquad (4\text{-}18)$$

将式（4-18）求导代入式（4-17），可得有功阻尼的系数 B_a 为：

$$B_a = \frac{2(\beta J - B)}{3p_n\psi_f} \qquad (4\text{-}19)$$

当采用传统的PI控制器时，转速环控制器可表示为：

$$i_q^* = \left(K_P + \frac{K_I}{s}\right)\left(\omega_m^* - \omega_m\right) - B_a\omega \qquad (4\text{-}20)$$

则转速环PI控制参数 K_P 和 K_I 分别为：

$$\begin{cases} K_P = \dfrac{2\beta J}{3p_n\psi_f} \\ K_I = \beta K_P \end{cases} \qquad (4\text{-}21)$$

式中　β——转速环期望频带带宽。

由式（4-20）和式（4-21）建立含积分分离模块的转速环PI控制器模型，如

图 4-8 所示，其中积分分离原理图如图 4-9 所示。

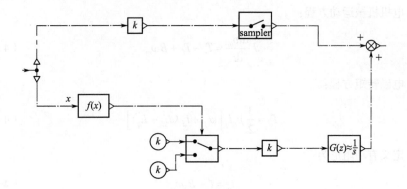

图 4-8 转速环 PI 控制器

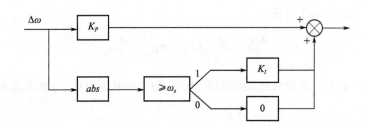

图 4-9 积分分离原理图

（3）电流环 PI 控制器设计

将式（4-10）代入式（4-9）中可得定子电流方程为：

$$\begin{cases} \dfrac{\mathrm{d}}{\mathrm{d}t}i_d = -\dfrac{R}{L_d}i_d + \dfrac{L_q}{L_d}\omega_e i_q + \dfrac{1}{L_d}u_d \\[2mm] \dfrac{\mathrm{d}}{\mathrm{d}t}i_q = -\dfrac{R}{L_d}i_d - \dfrac{1}{L_q}\omega_e(L_d i_d + \psi_f) + \dfrac{1}{L_q}u_q \end{cases} \qquad (4-22)$$

若 i_d、i_q 完全解耦，式（4-22）可变为：

$$\begin{cases} u_{d0} = u_d + \omega_e L_q i_q = R i_d + L_d \dfrac{\mathrm{d}}{\mathrm{d}t}i_d \\[2mm] u_{q0} = u_q - \omega_e(L_d i_d + \psi_f) = R i_q + L_q \dfrac{\mathrm{d}}{\mathrm{d}t}i_q \end{cases} \qquad (4-23)$$

式中　u_{d0} —— 电流解耦后的 d 轴电压；

　　　u_{q0} —— 电流解耦后的 q 轴电压。

将式（4-23）进行拉普拉斯变换后得：

$$\begin{bmatrix} i_d(s) \\ i_q(s) \end{bmatrix} = \begin{bmatrix} R + sL_d & 0 \\ 0 & R + sL_q \end{bmatrix}^{-1} \begin{bmatrix} u_{d0}(s) \\ u_{q0}(s) \end{bmatrix} \tag{4-24}$$

采用常规的PI控制器并结合前馈解耦控制策略，可得dq轴的电压为：

$$\begin{cases} v_d^* = \left(K_{pd} + \dfrac{K_{id}}{s} \right)(i_d^* - i_d) - \omega_e L_q i_q \\[3mm] v_q^* = \left(K_{pq} + \dfrac{K_{iq}}{s} \right)(i_q^* - i_q) + \omega_e (L_d i_d + \psi_f) \end{cases} \tag{4-25}$$

式中　K_{pd}，K_{pq}——PI控制器的比例增益；

　　　K_{id}，K_{iq}——PI控制器的积分增益。

根据式（4-25），在AMESim环境下使用信号库模块搭建dq轴电流环PI控制器，如图4-10所示。

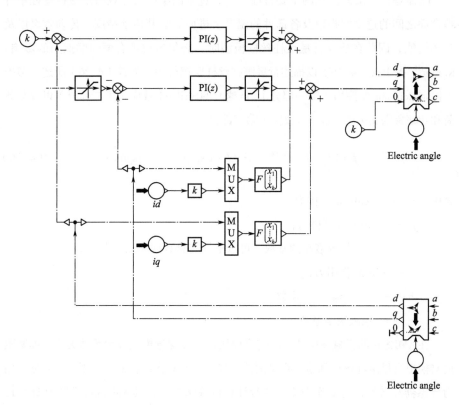

图4-10　电流环PI控制器

4.3.3 执行机构模型

电动舵机中执行机构为丝杠－螺母机构，其可以将电机输出轴的旋转运动转换为螺母的直线位移运动。SRWNT1模型可以定义丝杠的公称直径及导程，考虑丝杠与螺母之间的接触刚度、接触阻尼、Coulomb摩擦系数等参数。丝杠－螺母模型如图4-11所示。

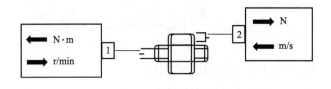

图4-11 丝杠－螺母模型

摩擦是行星滚柱丝杠的重要特性之一，过度的摩擦会导致行星滚柱丝杠中各啮合面之间的过度磨损以及各部件的温升，进而影响其传动精度、传动效率以及动态性能，因此在建立行星滚柱丝杠模型时，必须考虑啮合面间摩擦力的影响。Karam[185]提出式（4-26）以描述行星滚柱丝杠摩擦行为。如式（4-26）所述，考虑了恒定Coulomb摩擦力（第一部分）、低速时的Stribeck效应（第二部分）以及与载荷和功率象限相关的Coulomb效应（第三部分）。

$$f = [f_c + f_s e^{-|\omega|/\omega_{1r}} + |F_e|(b + c\,\text{sgn}(\omega F_e))]\text{sgn}(\omega) \tag{4-26}$$

式中 f_c —— Coulomb摩擦力；

      f_s —— Stribeck摩擦力；

      ω_{1r} —— 决定指数衰减的常数，可以根据实验数据测试出来；

      F_e —— 负载作用力；

      b —— 外力影响平均系数；

      c —— 象限决定系数。

在AMESim的机械库中选择旋转摩擦块，丝杠螺母模块表示运动关系，弹簧阻尼器模拟行星滚柱丝杠间隙、行星滚柱丝杠中螺母和作动杆的连接刚度和阻尼，用力传感器和转速传感器作为输入变量计算负载摩擦力，其AMESim模型如图4-12所示。

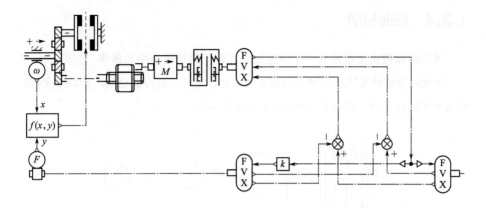

图4-12 行星滚柱丝杠模型

间隙特性根据反馈信号（如位移和速度）位置的不同而不同，若位置为电机轴，则为磁滞特性；若位置为负载轴，则为死区特性。本研究电动舵机仿真模型的反馈信号位置为负载处的位移和速度，则其间隙模型采用死区模型，其示意图如图4-13所示。

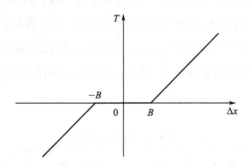

图4-13 间隙死区模型

$$T = \begin{cases} K(\Delta x - B) & \Delta x > B \\ 0 & -B \leqslant \Delta x \leqslant B \\ K(\Delta x + B) & \Delta x < -B \end{cases} \qquad (4\text{-}27)$$

式中　K —— 与刚度有关的常数；

　　　Δx —— 电机轴与负载轴位移差；

　　　$2B$ —— 死区宽度。

4.3.4　舵面模型

飞控舵面被简化建模为一个可施加空气载荷的等效集中质量块，如图4-14所示。电动舵机壳体安装到机翼上的固定刚度和作动杆与被控舵面间的传动刚度被建模为弹簧阻尼模型，该两类刚度被统称为结构刚度[4]。

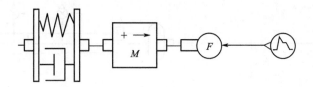

图4-14　舵面模型

综上，基于AMESim环境的电动舵机仿真模型如图4-15所示。电机选用AMESim电机库中的永磁同步电机模型，采用$i_d = 0$矢量控制策略实现系统位置环、转速环和电流环三闭环回路控制。通过电机及驱动库中的模块建立电流环PI控制器、转速环PI控制器、PARK变换、CLARK变换、SVPWM模块以及三相逆变桥等；执行机构行星滚柱丝杠模型采用丝杠螺母模块，考虑其间隙、接触刚度和摩擦等因素；舵面负载采用等效集中质量块；考虑电动舵机结构刚度，包括固定刚度和传动刚度。电机相关参数如表4-2所示，机械传动部件及舵面相关参数如表4-3所示。

表4-2　电机相关参数

相关参数	数值	单位	相关参数	数值	单位
绕组电阻	0.187	Ω	额定力矩	165	N·m
绕组电感	4.07	mH	堵转力矩	171	N·m
反电动势常数	174	V/krpm	额定速度	1800	rpm（r/min）
电磁力矩常数	2.87	N·m/A	额定电流	59.6	A
电机转子转动惯量	0.015	kg·m²	堵转电流	65.7	A
额定频率	113	Hz	额定功率	31	kW
额定电压	370	V	电极极数	8	—

机械传动部件及舵面相关参数

相关参数	数值	单位	相关参数	数值	单位
丝杠导程	8	mm	有效行程	250	mm
额定推力	104	kN	额定速度	240	mm/s
舵面负载	10000	N	位置控制精度	± 1%FS	—

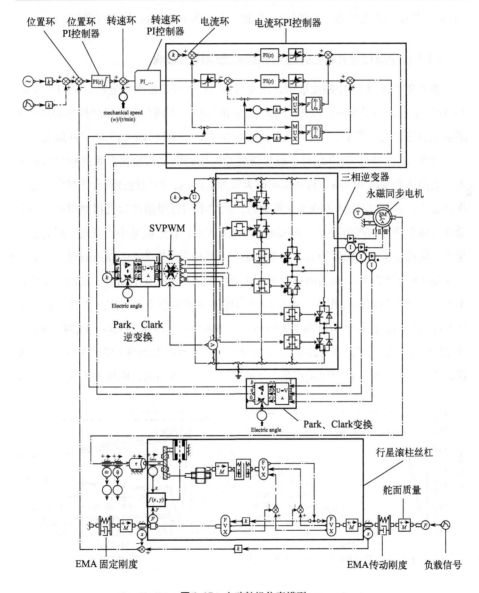

图4-15 电动舵机仿真模型

4.4 电动舵机动力学特性分析

4.4.1 非线性影响因素分析

电动舵机传动链中的非线性环节包括行星滚柱丝杠接触刚度、电动舵机固定刚度、行星滚柱丝杠间隙等影响因素。定义电动舵机位移信号为阶跃信号，幅值为50 mm，从0.1 s开始施加，1 s时加入负载，大小为10000 N，仿真时间共2 s。

（1）行星滚柱丝杠接触刚度对系统动态响应的影响

参考文献[4，147]中刚度取值，改变行星滚柱丝杠接触刚度分别为5×10^8 N/m、3×10^8 N/m、1×10^8 N/m、5×10^7 N/m和1×10^7 N/m。不同行星滚柱丝杠接触刚度下的系统响应曲线如图4-16（a）所示，图4-16（b）为图4-16（a）的局部放大图。

结果表明：当系统空载时，行星滚柱丝杠接触刚度的变化对系统响应影响不大，舵机达到输出50 mm位移所需时间大致为0.434 s，响应性能符合飞控电动舵机作动要求。在1 s时加入10000 N负载力，此时不同行星滚柱丝杠接触刚度下的电动舵机输出位移均产生波动，如图4-16（b）所示，且刚度越小，负载的瞬时影响越大，舵机位移波动幅值越大、频率越小，尤其是当刚度为1×10^7 N/m时，最大波动误差达到了2.744%，而当刚度由3×10^8 N/m增加至5×10^8 N/m时，波动程度变化不大。在伺服控制的作用下，响应的波动程度逐渐减小直至稳定。上述五种刚度下的舵机位移稳态值分别为49.3983 mm、49.3982 mm、49.3979 mm、49.3976 mm和49.2245 mm，稳态误差为1.2034%、1.2036%、1.2042%、1.2048%和1.551%，可以发现，当行星滚柱丝杠接触刚度满足大于或等于5×10^7 N/m时，刚度的变化对系统稳

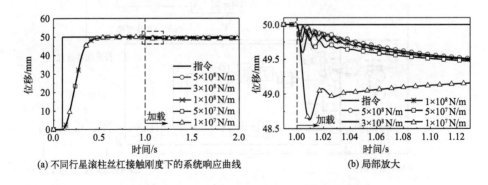

(a) 不同行星滚柱丝杠接触刚度下的系统响应曲线　　(b) 局部放大

图4-16　行星滚柱丝杠接触刚度对系统动态响应的影响

态误差影响不大，但当刚度过小时，不仅影响系统的稳定性，且会增大系统的稳态误差。因此，为了保证系统良好的输出性能，可以提高行星滚柱丝杠接触刚度，使得系统抗负载干扰能力增强并可以减小稳态误差。

（2）电动舵机固定刚度对系统动态响应的影响

改变电动舵机固定刚度分别为 5×10^8 N/m、3×10^8 N/m、1×10^8 N/m、5×10^7 N/m 和 1×10^7 N/m。不同电动舵机固定刚度下的系统响应曲线如图4-17（a）所示，图4-17（b）为图4-17（a）的局部放大图。

结果表明：同行星滚柱丝杠接触刚度的影响类似，空载时电动舵机固定刚度影响不大，1 s时加载工况下不同固定刚度下的电动舵机位移均产生振荡，随之在阻尼和伺服控制的作用下逐渐平稳。由图4-17（b）可观察到，当1 s时加入10000 N负载力，固定刚度越小，抗负载干扰能力越差，振荡幅值越大，且电动舵机固定刚度产生的振荡幅值比同样刚度数值的行星滚柱丝杠接触刚度产生振荡幅值更大一些，尤其是当二者刚度均为 1×10^7 N/m时，产生最大振荡幅值时的误差前者为5.452%，后者为2.744%。五种固定刚度下的系统响应稳态值分别为49.3983 mm、49.3982 mm、49.3978 mm、49.3970 mm 和49.2248 mm，稳态误差分别为1.2034%、1.2036%、1.2044%、1.206% 和1.5504%，与行星滚柱丝杠接触刚度对电动舵机输出位移稳态值的影响差别不大。

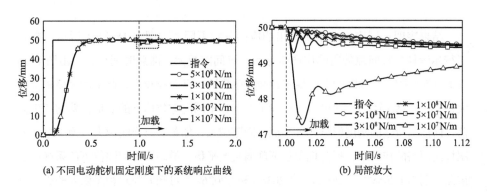

(a) 不同电动舵机固定刚度下的系统响应曲线　　　(b) 局部放大

图4-17　电动舵机固定刚度对系统动态响应的影响

（3）行星滚柱丝杠间隙对系统动态响应的影响

参考文献[4，147]中行星滚柱丝杠间隙取值，改变间隙分别为0.3 mm、0.1 mm、0.05 mm 和0.01 mm。不同行星滚柱丝杠间隙下的系统响应曲线如图4-18（a）所示，图4-18（b）~（d）分别为图4-18的局部放大1、局部放大2和局部放大3。

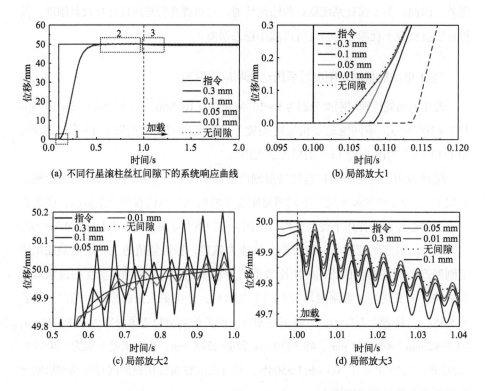

(a) 不同行星滚柱丝杠间隙下的系统响应曲线   (b) 局部放大1

(c) 局部放大2   (d) 局部放大3

图4-18 行星滚柱丝杠间隙对系统动态响应的影响

　　结果表明：同刚度对系统输出响应的影响不同，如图4-18（b）所示，空载下行星滚柱丝杠间隙使得响应产生滞后，且间隙越大，滞后时间越长；由图4-18（c）可知间隙对空载时的系统稳定性会产生影响，且间隙越大，产生的振荡幅值越大；1 s时加载条件下，如图4-18（d）所示，不同间隙数值下的舵机位移均产生振荡，同前文所述的刚度影响效果类似，间隙越大，加载瞬时影响越大，但随之在伺服控制回路的作用下，振荡现象逐渐削弱直至平稳。最终四种间隙值下的系统稳态误差分别为1.2054%、1.2042%、1.2038%和1.2036%，可知间隙对稳态误差的影响不大，表明通过在位置环引入积分环节可以对间隙起到补偿作用。

4.4.2　电动舵机响应

　　空载条件下给定电动舵机位移阶跃信号指令幅值分别为10 mm、50 mm和

100 mm。空载时三组阶跃信号指令下的舵机位移响应和稳态误差仿真结果分别如图4-19（a）和（b）所示。由图4-19（a）可以得到，空载时系统响应无超调和振荡，三种幅值下的系统调节时间分别为0.149 s、0.199 s和0.342 s，均能满足电动舵机性能指标要求，当系统到达稳态过程时，系统几乎无稳态误差，如图4-19（b）所示。

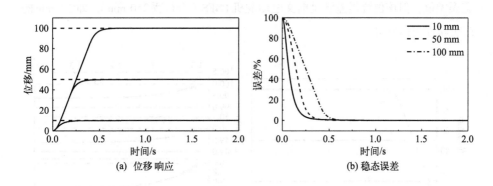

图4-19　空载条件下电动舵机位移阶跃响应

以100 mm幅值阶跃信号为例，图4-20所示为空载条件下的电机响应，其中图4-20（a）为电机输出扭矩曲线，图4-20（b）为电机转速曲线。

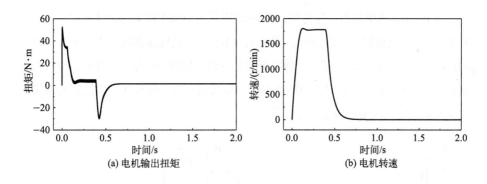

图4-20　空载条件下电机响应

由图4-20可知：仿真初始时刻，电机启动扭矩突然增大，使电机转速迅速达到最大值1800 r/min，以保证较快的动态响应速度，随着舵机响应位置逐渐到达指令信号位置时，电机速度也逐渐趋向于零，当舵机位置稳定时，电机停止转动，速度为零。

给定电动舵机位移阶跃信号指令幅值分别为10 mm、50 mm和100 mm，1 s时加入10000 N负载力。加载时三组阶跃信号指令下的舵机位移响应和稳态误差仿真结果分别如图4-21（a）和（b）所示。由图4-21（a）可以得到，系统不存在超调现象，加载后系统产生微小振荡，但随即快速达到稳态过程，三种幅值下系统稳态误差分别为5.901%、1.204%和0.607%，如图4-21（b）所示，均大约为0.6 mm的稳态误差值，但该位置误差满足前文电动舵机1%FS（全行程250 mm），即2.5 mm的位置精度指标要求。

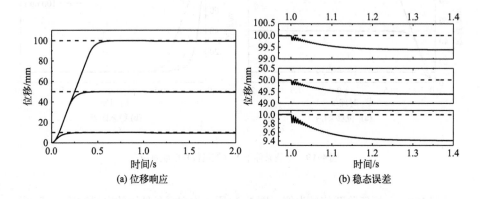

图4-21 加载条件下电动舵机位移阶跃响应

以100 mm幅值阶跃信号为例，图4-22所示为加载条件下的电机响应，其中图4-22（a）为电机输出扭矩曲线，图4-22（b）为电机转速曲线。由图4-22可知：加载时刻，电机扭矩突然增大，随后增加至一恒定扭矩以满足负载要求，而电机转速也在1 s时刻发生一个较小的跳动以缓冲负载的冲击，随后在伺服控制的作用下使得位置稳定同时电机转速为零。

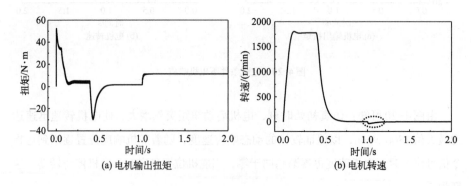

图4-22 加载条件下电机响应

4.4.3 电动舵机模型验证

给定与文献[4]相同的电动舵机位移信号指令，仿真时间为200 s，仿真步长为0.001 s。基于本研究建立的永磁同步电机三闭环控制的电动舵机输出位移跟踪曲线如图4-23（a）所示，基于文献[4]建立的模型仿真结果如图4-23（b）所示。由图4-23可知，基于本研究模型的系统响应动态跟踪性能良好，与文献结果保持较好的一致性。

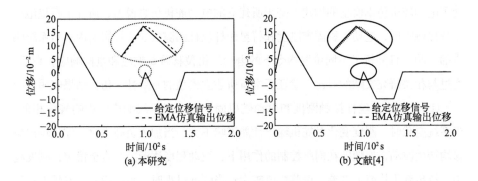

图4-23 EMA仿真输出位移跟踪曲线

图4-24所示为电动舵机输出位移较指令信号的位移跟踪误差曲线，可以看出，基于本研究模型的误差曲线与文献中的误差曲线变化趋势相似，其中：基于本研究模型的系统响应最大误差为0.412 mm，基于文献的舵机输出位移最大误差为1.8 mm，相对误差分别为0.275%和1.2%，即表明本研究所建立的电动舵机仿真模型有效。

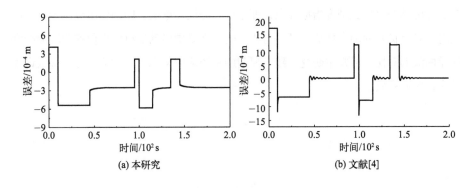

图4-24 位移跟踪误差曲线

4.5　本章小结

　　本章以永磁同步电机为动力源，首先采用$i_d = 0$电流矢量控制方法实现电动舵机位置、转速和电流三闭环回路控制，通过AMESim环境驱动库中的模块建立了电流环PI控制器、转速环PI控制器、PARK变换、CLARK变换、SVPWM模块以及三相逆变桥等模型。然后建立了考虑行星滚柱丝杠接触刚度、间隙和摩擦及电动舵机结构刚度，包括固定刚度和传动刚度等非线性因素的执行机构和舵面模型，从而实现了电动舵机仿真模型的构建。基于所建立的电动舵机仿真模型，研究了行星滚柱丝杠接触刚度、电动舵机固定刚度和行星滚柱丝杠间隙等非线性影响因素对系统响应的影响，且分析了不同位置指令下的电动舵机位移阶跃响应和电机响应。最后，通过与相关研究文献的对比，验证了本章所建立模型的有效性。仿真结果表明：

　　① 行星滚柱丝杠接触刚度和电动舵机固定刚度对系统响应的影响规律相似，当系统空载时，刚度变化对舵机输出性能影响不大，当加入负载力时，舵机输出位移均产生波动，但随即在伺服控制的作用下，波动程度逐渐减小直至稳定；刚度越小，抗负载干扰能力越差，振荡幅值越大；当刚度过小时，系统稳态误差较大；当刚度达到5×10^7 N/m以上时，刚度变化则对舵机输出位移稳态误差影响不大。

　　② 空载时，行星滚柱丝杠间隙使得系统响应产生振荡和滞后，且间隙越大，振荡幅值越大、滞后时间越长；加载时，间隙变化均使得舵机位移产生振荡，且间隙越大，加载瞬时影响越大，但随之在伺服控制回路的作用下，振荡现象逐渐削弱直至稳定，且在控制策略的补偿作用下间隙对稳态误差的影响不大。

　　③ 不同位移阶跃信号指令下的电动舵机响应在空载时均不存在超调和振荡，无稳态误差；当加载时系统产生微小振荡，但随即快速达到稳态过程，位置稳态误差满足电动舵机位置精度指标要求，即基于永磁同步电机三闭环伺服控制策略的电动舵机具有良好的动态性能。通过与相关研究文献中电动舵机输出位移跟踪曲线和误差曲线的对比，可知本研究所建立模型的系统响应动态跟踪性能良好，最大误差较小，模型有效。

5 舵面传动系统联合仿真模型参数影响研究

5.1 概述

舵面传动系统中电动舵机与传动机构之间相互交叉耦合，互相影响。第3章建立了考虑间隙铰链碰撞动力学和构件柔性的传动机构动力学模型，但其中电动舵机采用简化模型，仅考虑了质量特性和材料特性，其输出位移仅通过一驱动函数引入传动机构动力学模型中以驱动舵轴发生偏转。第4章以电动舵机为研究对象，建立了考虑行星滚柱丝杠接触刚度、间隙及摩擦和电动舵机结构刚度等非线性因素的动力学模型，但负载仅通过一集中质量块进行模拟，与负载间的连接通过一弹簧阻尼器进行模拟，未考虑负载中组成构件的非线性因素。因此，本章通过联合仿真技术将上述两模型进行耦合，建立可以同时考虑电动舵机非线性因素及传动机构碰撞动力学和刚柔耦合特性的系统联合仿真模型。通过定义电动舵机和传动机构之间的输入输出接口完成变量信息交互，从而建立能够全面考虑舵面传动系统中位置环、转速环、电流环闭环控制、永磁同步电机、行星滚柱丝杠非线性特性、铰链间隙、构件柔性及负载力矩等多因素的系统耦合动力学模型。

5.2 舵面传动系统联合仿真建模

本节将包含铰链间隙、构件柔性、舵面负载等因素的传动机构动力学模型代替AMESim环境下电动舵机模型中的舵面质量和空气负载元件；将包含永磁同步电机、PID控制、行星滚柱丝杠接触刚度、间隙和摩擦的电动舵机模型代替ADAMS环境下传动机构模型中的简易三维模型。通过两软件间的接口和交互变量定义，建立舵面传动系统联合仿真模型。本研究将行星滚柱丝杠中螺母的输出速度由电动舵机模型（AMESim）输出到传动机构模型（ADAMS）中作动杆的速度驱动中，将ADAMS模型中的作动杆运动位移作为输入参数从ADAMS输入到AMESim中，该位移值在AMESim中形成位移闭环，同时将由转速驱动计算得到的丝杠驱动力从ADAMS输入至AMESim中。

（1）电动舵机模型调整

删除图4-15中表示舵面质量的集中质量块模型及表示负载的信号元件。插入ADAMS接口模块，定义行星滚柱丝杠中螺母的速度（velocity）为输出变量，舵机作动杆的位移（displacement）和由转速驱动得到的丝杠驱动力（force）为输入变量。采用控制元件库中的增益模块使AMESim和ADAMS中的变量单位和方向一致。电动舵机模型调整如图5-1所示。模型编译后生成.dll文件并输出仿真脚本文件。

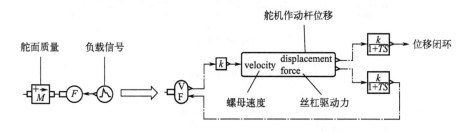

图5-1 电动舵机模型调整

（2）传动机构模型调整

创建舵机作动杆运动位移（Displacement）和丝杠驱动力（Force）的数据状态变量，即ARRAY_1定义为"displacement, force"，ARRAY_2定义为时间状态变量，ARRAY_3定义为输出状态变量（Outputs）；定义行星滚柱丝杠螺母驱动速度作为输入变量进行参数赋值，即Motion驱动函数为ARYVAL（ARRAY_3，1），驱动类型为速度驱动；通过建立GSE状态函数使数据实现交互，将电动舵机AMESim仿真模型编译生成的.dll文件作为外部求解器，由此完成联合仿真模型的搭建。

为了检查联合仿真接口是否创建正确，定义空载时电动舵机输入指令为50 mm，仿真时间为2 s，此时暂不考虑行星滚柱丝杠间隙和摩擦非线性特性、铰链间隙、构件柔性的影响，仅是为了验证变量交互成功。仿真结果如图5-2~图5-4所示，结果表明，舵机输出位移、螺母驱动速度、丝杠驱动力在两软件中结果保持一致，舵机输出位移达到指令要求，由此可得接口设置正确。

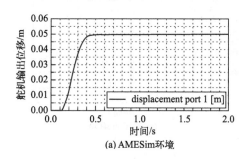

(a) AMESim环境

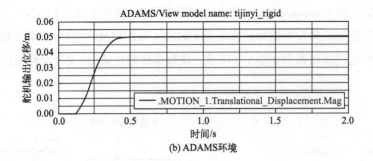

(b) ADAMS环境

图5-2 舵机输出位移

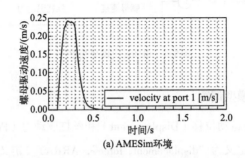

(a) AMESim环境

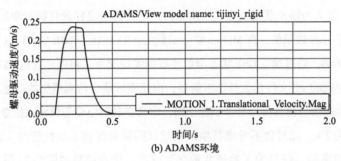

(b) ADAMS环境

图5-3 螺母驱动速度

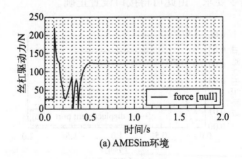

(a) AMESim环境

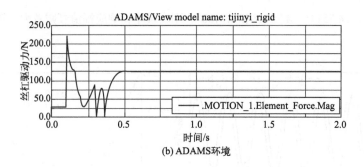

图5-4 丝杠驱动力

5.3 舵面传动系统参数影响分析

本节以舵面传动系统耦合动力学模型为研究对象，分析电动舵机中行星滚柱丝杠接触刚度、电动舵机固定刚度和行星滚柱丝杠间隙等非线性因素及传动机构中铰链间隙、构件柔性、驱动速度和舵面负载对系统输出响应的影响。定义电动舵机位移目标幅值为10 mm，频率为2 Hz，仿真时间为3 s。

5.3.1 行星滚柱丝杠接触刚度

文献[4]建议将电动舵机安装结构和传动结构的刚度设计在10^8 N/m量级，故本节电动舵机固定刚度取值为1×10^8 N/m。为了控制非线性因素变量个数，传动机构中仅考虑铰链A处的间隙，铰链间隙取值0.1 mm。暂不考虑行星滚柱丝杠间隙的影响，其余参数取值与前文一致。

改变行星滚柱丝杠接触刚度分别为3×10^8 N/m、5×10^7 N/m和1×10^7 N/m，不同行星滚柱丝杠刚度下的舵机位移、舵轴角度、角速度和角加速度曲线分别如图5-5~图5-8所示。图5-5表明：由于电动舵机系统带宽的影响，2 Hz下舵机位移无法实时跟随和完美复现指令要求，存在一定幅值衰减和0.56 s时间滞后，但仍满足前文所述电动舵机指标要求。由图5-5（a）和图5-6（a）可知：行星滚柱丝杠接触刚度对电动舵机输出位移和舵轴输出角度几乎无影响，由局部放大图5-5（b）和图5-6（b）可观察到，3×10^8 N/m、5×10^7 N/m和1×10^7 N/m三组接触刚度下的舵机位移最大幅值分别为9.5639 mm、9.5635 mm和9.5626 mm，舵轴输出角度最大幅值分别为4.7514°、4.7511°和4.7488°，刚度越小，响应幅值衰减越大、滞后时间越长。

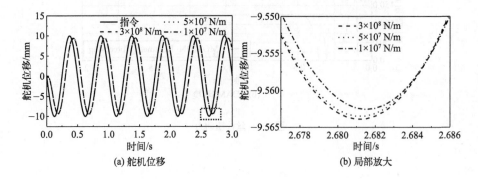

(a) 舵机位移

(b) 局部放大

图5-5 不同行星滚柱丝杠刚度下的舵机位移曲线

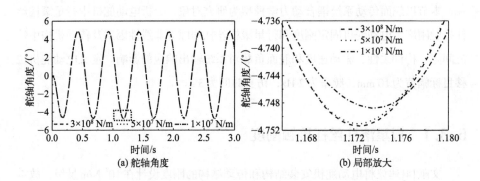

(a) 舵轴角度

(b) 局部放大

图5-6 不同行星滚柱丝杠刚度下的舵轴角度曲线

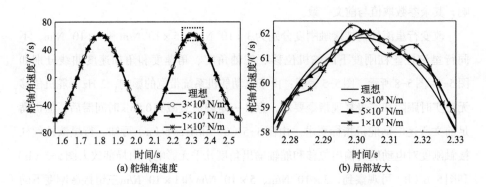

(a) 舵轴角速度

(b) 局部放大

图5-7 不同行星滚柱丝杠刚度下的舵轴角速度曲线

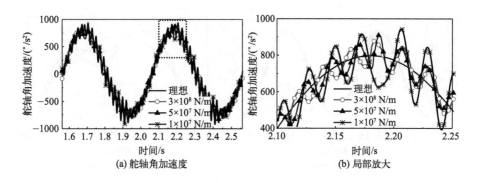

图 5-8 不同行星滚柱丝杠刚度下的舵轴角加速度曲线

图 5-7 和图 5-8 分别为当系统达到稳定状态后的舵轴角速度和角加速度曲线，由图 5-7（b）可以看出，当刚度为 3×10^8 N/m 或 5×10^7 N/m 时，舵轴角速度曲线在理想曲线附近微小振荡，但当刚度为 1×10^7 N/m 时，则出现了较为明显的波动，三种刚度下的角速度波动峰值分别为 61.893 °/s、62.101 °/s 和 62.328 °/s，与理想舵轴角速度曲线幅值（61.816 °/s）的相对误差分别为 0.125%、0.461% 和 0.828%，此时理想曲线定义为不考虑铰链间隙且行星滚柱丝杠接触刚度取值为 3×10^8 N/m。舵轴角加速度曲线则在考虑铰链间隙和不同行星滚柱丝杠接触刚度的工况下存在高频振荡，且刚度越小，振荡越明显，波动幅值越大。综上，行星滚柱丝杠接触刚度的变化对舵轴角加速度曲线影响最大，对舵轴角速度的影响次之，对舵轴角度和舵机位移的影响最小，当接触刚度过小时，系统响应较理想输出误差较大，稳定性较差，但当刚度达到 5×10^7 N/m 后，刚度的影响趋势逐渐接近。

5.3.2 电动舵机固定刚度

本节传动机构仅考虑铰链 A 处的间隙，铰链间隙取值 0.1 mm。行星滚柱丝杠接触刚度取值为 1×10^8 N/m，暂不考虑行星滚柱丝杠间隙的影响。其余参数取值与前文一致。改变电动舵机固定刚度分别为 3×10^8 N/m、5×10^7 N/m 和 1×10^7 N/m，不同电动舵机固定刚度下的舵轴角速度和角加速度曲线分别如图 5-9、图 5-10 所示。

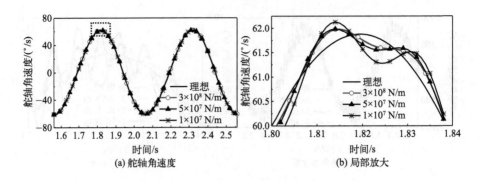

(a) 舵轴角速度

(b) 局部放大

图5-9 不同电动舵机固定刚度下的舵轴角速度曲线

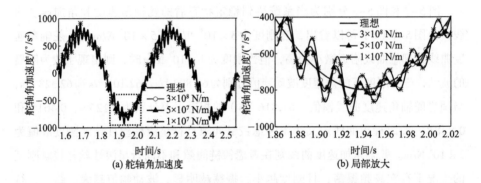

(a) 舵轴角加速度

(b) 局部放大

图5-10 不同电动舵机固定刚度下的舵轴角加速度曲线

三组电动舵机刚度下的舵轴角速度波动峰值分别为61.982 °/s、61.985 °/s和62.128 °/s，与理想舵轴角速度曲线幅值（61.877 °/s）的相对误差分别为0.170%、0.175%和0.406%。三组电动舵机刚度下的舵轴角加速度波动峰值分别为882.765 °/s²、891.238 °/s²和935.043 °/s²，与理想舵轴角加速度曲线峰值（800.395 °/s²）的相对误差分别为10.291%、11.350%和16.823%，此时理想曲线为不考虑铰链间隙且电动舵机固定刚度取值为3×10^8 N/m。同5.3.1节行星滚柱丝杠接触刚度影响分析类似，随着电动舵机固定刚度的减小，舵轴角速度和角加速度曲线振荡程度明显、幅值增大，且刚度对舵轴角加速度的影响明显高于对角速度的影响。

5.3.3 行星滚柱丝杠间隙

本节传动机构仍然仅考虑铰链A处的间隙，铰链间隙取值0.1 mm。行星滚柱丝杠接触刚度和电动舵机固定刚度取值均为3×10^8 N/m，其余参数取值与前文一致。改变行星滚柱丝杠间隙分别为0.5 mm、0.1 mm和0.05 mm，不同行星滚柱丝杠间隙下的舵轴角速度和角加速度曲线分别如图5-11、图5-12所示。

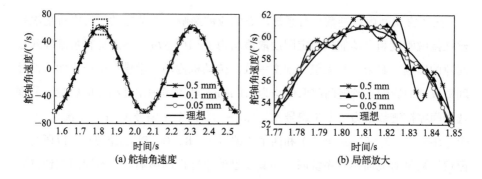

图5-11　不同行星滚柱丝杠间隙下的舵轴角速度曲线

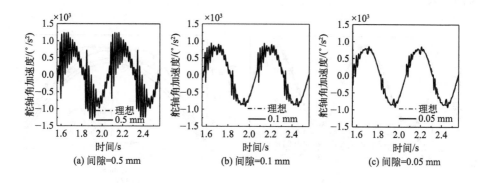

图5-12　不同行星滚柱丝杠间隙下的舵轴角加速度曲线

结果表明：较行星滚柱丝杠接触刚度和电动舵机固定刚度变化对系统的影响而言，行星滚柱丝杠间隙对系统响应的角速度和角加速度影响更加明显。图5-11表明间隙的存在使得角速度曲线呈现周期性振荡，尤其是在系统换向附近时刻波动程度达到最大。由图5-12可观察到，间隙值越大，舵轴输出角加速度振荡幅值越大，频率越高，呈近似脉冲式响应，其中当间隙为0.5 mm时，角加速度峰值甚至达到1320.287 °/s²。综上，行星滚柱丝杠接触刚度、电动舵机固定刚度和行星滚柱丝杠间隙等非线性因素均会对舵面传动系统动态响应产生影响，尤其对舵轴输出角加速度影响最大。因此，建立能够考虑电动舵机影响的舵面传动系统联合仿真模型对分析其性能很有必要。

5.3.4　不同间隙铰链数量

为了突出间隙铰链数量对系统动态响应的影响，本节电动舵机中行星滚柱丝杠接触刚度和电动舵机固定刚度取值均为 3×10^8 N/m，不考虑行星滚柱丝杠间隙的影响。其余参数取值与前文一致。传动机构动力学模型中依次加入四处间隙铰链的影响，铰链间隙取值均为 0.1 mm，暂不考虑柔性构件的影响。分别选择间隙铰链数量为一个（编号 A，工况一）、两个（编号 A、B，工况二）、三个（编号 A、B、C，工况三）和四个（编号 A、B、C、D，工况四），以研究间隙铰链数量对舵面传动系统联合仿真模型输出特性的影响。含不同间隙铰链数量的舵面传动系统联合仿真模型舵轴角度曲线如图 5-13 所示，可观察到，随着间隙铰链数量增加，舵轴角度由平滑曲线逐渐产生波动，且距离理想值偏差逐渐增大。

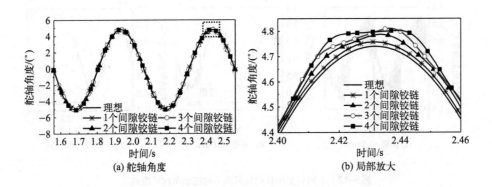

图 5-13　不同间隙铰链数量下的舵面传动系统联合仿真模型舵轴角度

图 5-14 为具有不同间隙铰链数量的舵面传动系统联合仿真模型舵轴角速度曲线，不同间隙铰链数量下的响应均围绕在理想曲线上下波动，其原因为铰链中轴与轴承产生的碰撞力作为广义外力作用于机构的末端执行器上。考虑电动舵机和传动机构耦合作用的图 5-14 与仅考虑后者影响的图 3-13 在大致趋势上相似，均为当仅含一个间隙铰链时曲线平滑波动，一旦加入多个间隙铰链时，响应呈阶梯状，铰链间的相互作用及运动状态导致系统呈现较差的稳定性。图 5-14 中四种工况的波动峰值分别为 61.505 °/s、63.251 °/s、62.028 °/s 和 65.580 °/s，相对于理想曲线波动

峰值（60.792 °/s）的相对误差分别为1.173%、4.045%、2.033%和7.876%；图3-13中四种工况下角速度波动峰值分别为63.255 °/s、64.114°/s、63.394 °/s和66.825 °/s，相对于理想曲线波动峰值（62.913 °/s）的相对误差分别为0.544%、1.909%、0.765%和6.218%，如表5-1所示。结果表明：考虑电动舵机影响的系统输出角速度在绝对数值上小于将电动舵机位置驱动定义为理想移动副驱动的舵轴角速度，其原因为：随着指令频率的升高，电动舵机输出位移无法完美复现指令，幅值呈现衰减现象，但由于考虑了电动舵机内部行星滚柱丝杠接触刚度、电动舵机固定刚度、行星滚柱丝杠摩擦、电机等环节的影响，使得图5-14中角速度峰值较理想状态时的相对误差高于图3-13中的波动相对误差。由于铰链C中存在固定构件，使得工况三的角速度波动峰值及相对误差甚至比工况二小，但工况四却由于四个间隙铰链间的相互作用和累加的接触碰撞力使得波动值达到最大，系统响应愈发偏离理想输出。

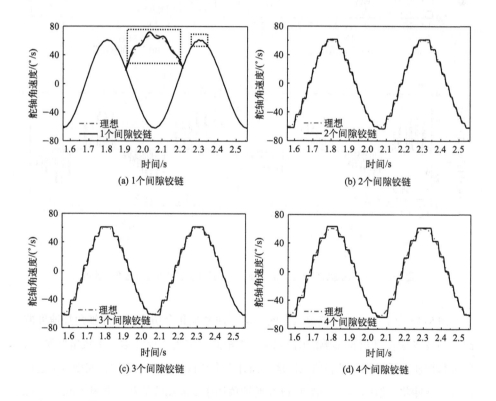

图5-14 不同间隙铰链数量下的舵面传动系统联合仿真模型舵轴角速度

表5-1　考虑不同间隙铰链数量下舵轴角速度的波动峰值和相对误差

间隙个数		1	2	3	4
传动机构模型	波动峰值/(°/s)	63.255	64.114	63.394	66.825
	相对误差	0.544%	1.909%	0.765%	6.218%
舵面传动系统联合仿真模型	波动峰值/(°/s)	61.505	63.251	62.028	65.580
	相对误差	1.173%	4.045%	2.033%	7.876%

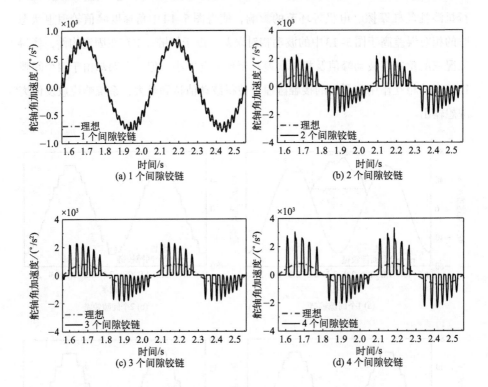

图5-15　不同间隙铰链数量下的舵面传动系统联合仿真模型舵轴角加速度

　　图5-15为不同间隙铰链数量下的舵面传动系统联合仿真模型舵轴角加速度曲线，与仅考虑传动机构影响的图3-14规律相似，均为当仅考虑一个铰链间隙时，舵轴角加速度平滑围绕理想曲线振荡，当计入多个铰链间隙影响时，舵轴角加速度曲线呈脉冲状。但图5-15和图3-14在舵轴角加速度波动峰值和均方根（Root Mean Square，RMS）误差指数上略有不同，表5-2所示为考虑不同间隙铰链数量下传动机构模型和舵面传动系统耦合模型的舵轴角加速度波动峰值和RMS误差指数。

表5-2　考虑不同间隙铰链数量下舵轴角加速度的波动峰值和RMS误差指数

间隙个数		1	2	3	4
传动机构模型	波动峰值/（°/s²）	902.487	2482.807	2695.048	4063.383
	RMS误差指数	9.4225%	106.4543%	129.12%	152.1356%
舵面传动系统联合仿真模型	波动峰值/（°/s²）	871.136	2127.027	2245.753	3310.093
	RMS误差指数	10.575%	114.585%	136.463	161.414%

由表5-2可以看出，随着间隙铰链数量的增加，不论是基于传动机构动力学模型的仿真结果，还是基于电动舵机和传动机构的舵面传动系统联合仿真模型仿真结果，含不同间隙铰链数量的角加速度波动峰值及RMS指数均呈上升趋势，但在同等间隙铰链数量的工况下前者的波动峰值大于后者、RMS误差指数却小于后者，与图5-14所示不同间隙铰链数量下舵面传动系统联合仿真模型舵轴角速度规律一致，其原因在前文已述，此处不再重复。

5.3.5　构件柔性

柔性连杆的存在是影响机构动态响应的另一个重要因素，特别是当机构中存在间隙连接时。本节电动舵机中行星滚柱丝杠接触刚度和电动舵机固定刚度取值均为 3×10^8 N/m，不考虑行星滚柱丝杠间隙的影响。传动机构仅考虑铰链A处的间隙，铰链间隙取值0.1 mm，其余参数取值与前文一致。对比辅助连杆为刚性和柔性状态时的舵面传动系统联合仿真模型舵轴角速度和角加速度曲线，如图5-16、图5-17所示。

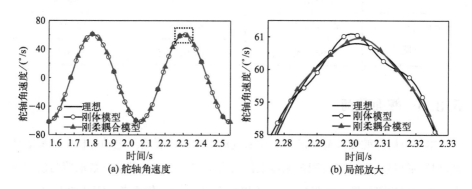

图5-16　考虑构件柔性的舵面传动系统联合仿真模型舵轴角速度曲线

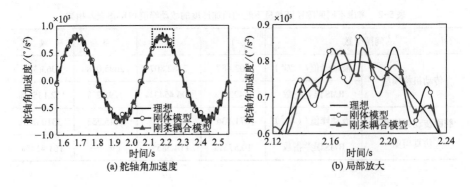

(a) 舵轴角加速度   (b) 局部放大

图5-17 考虑构件柔性的舵面传动系统联合仿真模型舵轴角加速度曲线

结果表明，当考虑构件柔性时，舵轴角速度和角加速度曲线波动性显著减弱，即柔性构件在一定程度上抑制了铰链间隙产生的振动，使轴和轴承之间的碰撞效应得到缓冲，这一结论可以通过表5-3所示的间隙评估指数，即舵轴角加速度波动峰值和RMS误差指数得到证明。不论是3.4.3.1节中仅针对传动机构动力学模型的仿真结果，还是本节基于电动舵机和传动机构的舵面传动系统联合仿真模型分析，当加入构件柔性影响后，舵轴角加速度波动峰值和RMS误差指数均比纯刚体模型相应值小，但联合仿真模型的RMS误差指数比传动机构模型的指数高，其原因为电动舵机非线性因素与杆件柔性、铰链间隙的叠加影响使得系统响应波动性增强。

表5-3 考虑构件柔性下舵轴角加速度的波动峰值和RMS误差指数

响应		刚体模型	刚柔耦合模型
传动机构模型	波动峰值/（°/s²）	902.487	877.249
	RMS误差指数	9.423%	5.485%
舵面传动系统联合仿真模型	波动峰值/（°/s²）	871.136	837.153
	RMS误差指数	10.575%	8.387%

5.3.6 舵面载荷

本小节研究舵面载荷对舵面传动系统动态响应的影响。电动舵机中行星滚柱丝杠接触刚度和电动舵机固定刚度取值均为 3×10^8 N/m，其余参数取值与前文一致。传动机构仅铰链A处存在间隙，间隙值为0.1 mm，暂不考虑柔性构件的影响。

图5-18、图5-19所示为不同舵面载荷下的舵轴角速度和角加速度曲线。

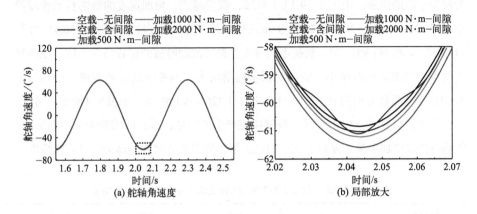

图5-18 不同舵面载荷下的舵轴角速度曲线

图5-18显示了在空载/加载条件下不考虑/考虑铰链间隙的舵轴角速度曲线，由图5-18（b）可看出，当不考虑载荷时，含间隙机构响应围绕无间隙系统输出曲线上下波动，而当加入载荷后，振荡消失，响应曲线变为与理想曲线趋势相似的平滑曲线，且500 N·m、1000 N·m和2000 N·m三组载荷下角速度峰值较理想值的相对误差分别为0.393%、0.732%和1.303%，即载荷越大，相对误差越大。

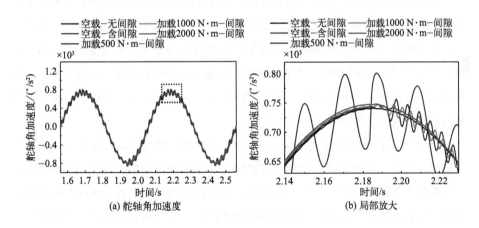

图5-19 不同舵面载荷下的舵轴角加速度曲线

图5-19则更加明显地表现出：当不考虑载荷影响时，铰链间隙的作用使得舵轴角加速度围绕理想曲线剧烈振荡，波动峰值为871.136°/s²；当加入载荷后，角

加速度曲线仅在系统换向时产生振荡，在系统阻尼的作用下振荡逐渐减弱直至变为较为平滑的曲线。由图5-19（b）可知，载荷越大，角加速度曲线的抖动程度越小，500 N·m、1000 N·m和2000 N·m三组载荷下角加速度峰值分别为756.417 °/s²、747.698 °/s²和747.937 °/s²，载荷不同时发生最大波动峰值的位置略有不同，载荷越大使得响应波动程度越小，但跟踪误差逐渐增大；不考虑载荷和考虑三种载荷下的RMS误差指数分别为10.575%、1.927%、1.426%和1.581%，如表5-4所示。可见，加载力可以吸收铰链中由于间隙铰链碰撞产生的能量，减弱间隙带来的不利影响，使响应曲线更加平滑，提高了系统的稳定性，但当载荷过大时却会降低系统精度。

表5-4 不同舵面载荷下的舵轴角加速度波动峰值和RMS误差指数

载荷/N·m	0	500	1000	2000
波动峰值/（°/s²）	871.136	756.417	747.698	747.937
RMS误差指数	10.575%	1.927%	1.426%	1.581%

5.4 本章小结

本章基于第3章建立的含多间隙铰链和柔性构件传动机构动力学模型和第4章建立的考虑传动链非线性因素电动舵机模型，对两种模型进行接口和交互变量定义，建立了舵面传动系统联合仿真模型，该模型可以考虑永磁同步电机、PID控制、行星滚柱丝杠接触刚度、间隙、电动舵机安装于飞行器机体上的固定刚度、铰链间隙碰撞动力学、构件柔性、舵面负载等因素。依据该模型，分析上述因素对舵面传动系统响应性能的影响，结果如下：

① 行星滚柱丝杠接触刚度、间隙和电动舵机固定刚度均会对舵轴输出性能产生影响，其中对舵轴角加速度曲线影响最大，对舵轴角速度的影响次之，对舵轴角度和舵机位移的影响最小；行星滚柱丝杠接触刚度和电动舵机固定刚度对响应的影响规律比较相似，刚度越小，舵机位移和舵轴角度响应幅值衰减越大、滞后时间越长，舵轴角速度和角加速度振荡幅值越大，距离理想曲线误差越大；相较于行星滚柱丝杠接触刚度和电动舵机固定刚度对系统的影响而言，行星滚柱丝杠间隙对系统响应的影响更加明显，当间隙值很大时，舵轴角加速度甚至出现高频脉冲现象，对系统的稳定性造成极大影响。

② 不同间隙铰链数量下的舵面传动系统联合仿真模型仿真结果变化趋势与传动机构动力学模型仿真结果相似,当系统仅考虑单个间隙铰链时,响应围绕理想曲线上下波动,当考虑多个间隙铰链时,铰链间的相互作用使得响应呈脉冲形式;考虑电动舵机非线性因素影响的舵轴角速度峰值较理想状态时的相对误差和角加速度均方根误差指数均比未考虑电动舵机影响时的数值高,表明舵面传动系统输出特性受电动舵机和传动机构共同影响。

③ 当考虑构件柔性和加载力矩时,舵轴角速度和角加速度曲线的振荡程度均可以得到改善,即二者在一定程度上抑制了铰链间隙产生的振动,使系统响应更加平滑。加载力矩可以有效降低响应波动程度,但载荷过大时会增大系统误差。对比构件柔性对舵面传动系统联合仿真模型和传动机构模型影响的仿真结果,可以发现,电动舵机非线性因素和杆件柔性、铰链间隙的叠加影响使得联合仿真模型的响应波动程度更高。

6 舵面传动系统动力学实验研究

6.1 概述

本章基于舵面传动系统试验台开展阶跃特性和舵机扫频实验，对空载、加载条件下的舵面传动系统幅频特性和相频特性进行分析。根据实验条件，研究了不同电动舵机指令频率和舵面载荷对电动舵机位移、舵轴角度及舵轴角加速度的影响，并对比了上述响应的实验结果与仿真结果，以验证第5章建立的舵面传动系统耦合模型的有效性。

6.2 试验台系统组成及工作原理

舵面传动系统试验台主要包括试验台体、控制系统和测试系统三部分，试验台现场照片如图6-1所示。

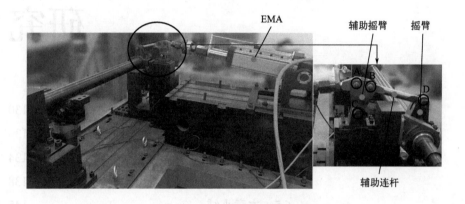

图6-1 舵面传动系统试验台现场图

6.2.1 控制系统

（1）硬件构成

系统电气控制组件主要由控制机柜和配电柜组成。控制机柜由工业控制计算机、实时下位机、电动舵机控制器、信号调理单元等构成，采用立式操作台的结构形式；配电柜由隔离变压器、保护装置、汇流条、开关等构成。电气控制组件如图6-2所示。

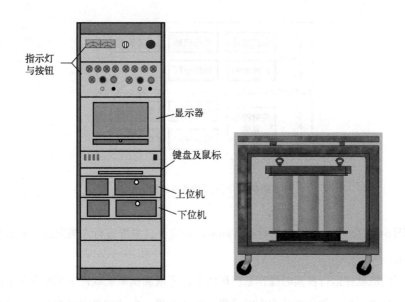

图 6-2 电气控制组件布局图

操作人员通过工控机上位机平台输入控制指令，工控机与实时下位机通过网线连接，控制软件在下位机中运行以确保系统实时性需求。下位机同时连接加载电机驱动器和电动舵机驱动器，该两款驱动器均支持外部模拟量控制。力矩传感器、角位移传感器、力传感器、直线位移传感器反馈信号均通过 A/D 卡反馈至下位机，构成闭环系统。

（2）软件构成

控制系统软件主要完成加载系统和电动舵机系统的试验参数配置、加载控制、数据监控和数据分析。通过软件界面完成多种测试模式的配置和参数选择，例如动态加载模式，使电动舵机处于正弦或梯形波运动状态，软件系统根据相应的加载梯度产生控制指令，控制力矩电机产生期望力矩。在系统运行过程中，软件系统实现系统零力、力加载、停止加载、位移控制等状态之间的切换，并通过对 PID 控制算法的实现，根据试验过程中的指令信号，进行加载电机控制参数的计算，完成对电动舵机的转矩实时加载。在力加载过程中对加载通道、电动舵机通道和数据采集通道的状态进行实时监控，实时显示加载力以及电动舵机位移，一旦发现故障，就进入应急模式，停止加载，保护设备安全。测试过程中实时显示并记录所有数据。

软件系统总体采用 Windows+RT 系统的软件设计方式，功能规划如图 6-3 所示。

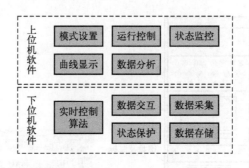

图 6-3　测试系统软件结构图

图 6-3 中，上位机软件运行在 Windows 环境下，主要进行人机交互、参数配置等功能。

下位机软件运行在实时操作系统环境下，完成测试系统软件中实时性要求高的部分，功能包括：传感器数据实时采集；加载电机、电动舵机实时控制；测试系统状态检查及保护；与上位机软件的数据交互。

图 6-4 为上位机软件界面。

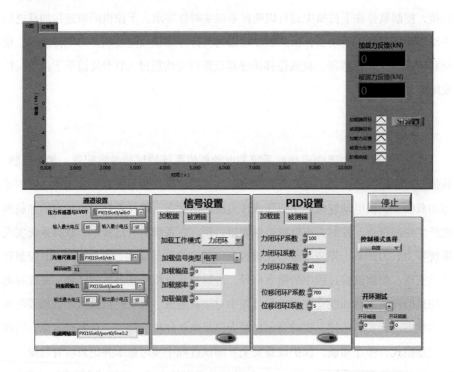

图 6-4　上位机软件界面

6.2.2 测试系统

在加载输出端选用德国Lorenz扭矩传感器，电动舵机输出端选用美国Interface拉压力传感器，加载输出端位移传感器选用德国Heidenhain-Rod426增量式旋转编码器，电动舵机输出端选用Heidenhain光栅尺（图6-5）。

① Lorenz扭矩传感器：力矩量程分为大量程5000 N·m和小量程200 N·m，精度0.2%FS。

② Interface拉压力传感器：精度0.1%FS，输出±5 V或±10 V可选。

③ Heidenhain-Rod426增量式旋转编码器：精度±60″，增量信号TTL。

④ Heidenhain光栅尺：非接触式测量，分辨率0.0015%（16位D/A），非线性度小于±0.01%。

(a) 扭矩传感器　　　(b) 拉压力传感器　　　(c) 旋转编码器　　　(d) 光栅尺

图6-5　测试系统传感器

6.2.3 工作原理

加载装置以力闭环控制方式为主，根据需求也可处于位移闭环方式。工控机（上位机）接收加载力矩指令信号，经过实时下位机运算得到控制信号并输出至加载电机控制器，控制加载电机运动。同时通过转矩传感器得到反馈信号，形成力闭环。若选用角位移传感器作为反馈信号，则可工作在位移闭环方式。

电动舵机装置以位移闭环控制方式为主。工控机接收位移指令信号，经过下位机运算得到控制信号并输出至舵机控制器，控制舵机运动。同时通过位移传感器得到反馈信号，形成位移闭环。

① 上位机人机交互界面采用Windows环境下的LabVIEW编写，便于操作。

② 下位机选用实时操作系统，确保系统运行的实时性。

③ 加载单元采用PID控制策略，在最大限度抑制多余力的同时，提高系统的动态频带和稳态精度。

④ 采集通道可根据需求进行扩展。

系统控制原理框图如图6-6所示。

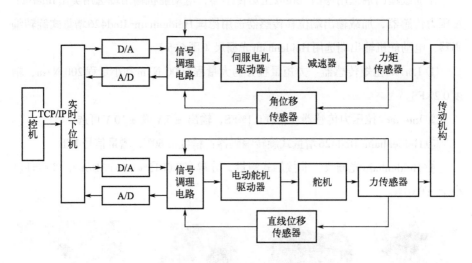

图6-6 系统控制原理框图

6.3 实验结果

6.3.1 阶跃特性实验

舵机作动杆的运动误差会导致舵面转角的控制精度降低，直接影响舵面传动系统的幅频特性，因此保证舵机推杆的运动精度尤为重要[1]。为了验证舵面传动系统的阶跃响应，采用周期矩形脉冲阶跃信号指令进行实验。实验方法：加载装置空载，电动舵机装置位移闭环，给定位移方波信号幅值为25 mm，读取舵机位移传感器信号和加载输出端角位移编码器信号。

25 mm幅值周期矩形脉冲阶跃特性实验曲线如图6-7所示，可以观察到：电动舵机具有较好的跟随特性，舵机位移反馈值几乎无超调，可以避免快速阶跃响应导致舵机内部机械部件损坏现象的发生。电动舵机位移反馈值上升时间为0.39 s，舵轴角位移稳态值为11.425°。

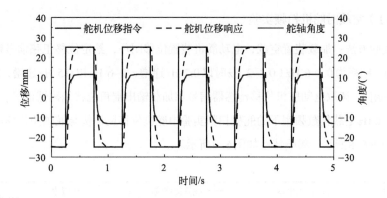

图 6-7 25 mm 位移方波响应

6.3.2 舵机扫频实验

机构频响特性可以反映系统输出对不同频率正弦信号的跟随状态，是衡量舵机动态性能好坏的关键指标。当舵机接受高频指令时，舵机中执行机构间隙、传动机构中铰链间隙会引起构件间的强烈碰撞，出现舵轴响应无法跟随指令的现象。

舵面传动系统的频响特性包括幅频特性和相频特性。幅频特性定义为舵机实际输出位移幅值与指令信号位移幅值的比值随频率的变化关系[39]：

$$G_i = 20 \lg \left| \frac{A_2}{A_1} \right| \tag{6-1}$$

式中　i —— 舵机指令频率；

　　　G_i —— 系统幅值增益；

　　　A_1 —— 系统输入幅值；

　　　A_2 —— 系统输出幅值。

相频特性定义为舵面偏角与指令信号之间的相位差随频率变化的关系[39]：

$$P_i = \frac{180}{\pi} \left| \Delta_i f_i \right| \tag{6-2}$$

式中　P_i —— 系统相位差；

　　　f_i —— 信号频率；

　　　Δ_i —— 输入信号与输出信号时间差。

（1）空载时舵机扫频实验

实验方法：加载装置空载，电动舵机装置位移闭环，给定位移正弦信号幅值为 10 mm，频率为 0.2~6 Hz（0.2~2 Hz 时以 0.2 Hz 递增，2~6 Hz 以 0.5 Hz 递增，3 个周期为一组），读取电动舵机位移传感器信号和加载输出端角位移编码器信号。

1~6 Hz 空载整数频率下的舵机扫频实验中舵机位移反馈值与舵轴角位移反馈值曲线如图 6-8 所示，频响特性如图 6-9 所示。

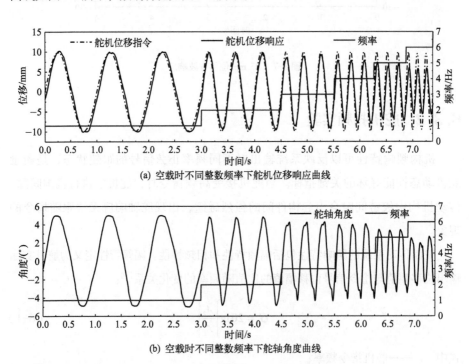

(a) 空载时不同整数频率下舵机位移响应曲线

(b) 空载时不同整数频率下舵轴角度曲线

图 6-8 空载时舵机扫频实验整数频率下实验曲线

由图 6-8 可观察到，当扫频频率为 1 Hz 时，电动舵机反馈位移为 10.103 mm，略高于指令幅值。随着指令频率的升高，舵机反馈位移和舵轴输出角度的幅值均呈现衰减的趋势，响应无法完美复现指令，且舵轴偏角逐渐呈现非正弦变化和小幅波动，不稳定性随之增加。

对舵机输出位移的幅值和相角进行频响特性分析，如图 6-9 所示，分别为舵机的幅频特性和相频特性。幅频特性需要关注幅值下降 3 dB 时的频率，即系统截止频率，而该频率也称为系统带宽。由图 6-9（a）可观察到 -3 dB 所对应频率介于 4.5~5 Hz 之间。相频特性则是需要关注相位滞后 90° 时的频率，由图 6-9（b）可知，当频率为 4 Hz 时，相角滞后 −84°，当频率为 4.5 Hz 时，相角滞后 −93°，则滞后 90° 时系统截止频率介于二者之间。

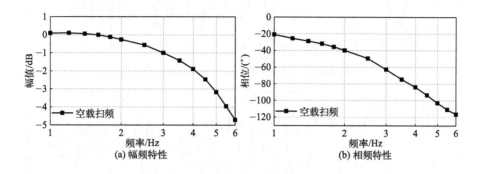

图 6-9 空载时舵机扫频实验频响特性曲线

（2）加载时舵机扫频实验

舵面传动系统工作时舵面会承受空气阻力，利用扭矩加载装置模拟气动载荷，分析加载时舵机的频响特性。测试方法：0.2~6 Hz（0.2~2 Hz 时以 0.2 Hz 递增，2~6 Hz 以 0.5 Hz 递增，3 个周期为一组），平均载荷为 500 N·m，读取舵机位移传感器信号和加载输出端角位移编码器信号。

1~6 Hz 加载整数频率下的舵机扫频实验中舵机位移反馈值与舵轴角位移反馈值曲线如图 6-10 所示，频响特性如图 6-11 所示。由图 6-10 可观察到，加载工况下的舵机输出位移和舵轴输出角度变化趋势与空载时较相似，均为随着扫频频率的升高，输出幅值呈衰减趋势，且产生不规则波动，偏离理想正弦曲线。由图 6-11 可知，加载时的舵机幅频特性曲线较空载时略有差异，在低频时差异表现更明显，而相频特性曲线在加载或空载工况下差别不大，500 N·m 加载下的舵机幅值带宽为 4 Hz，相位带宽在 4~5 Hz 之间。加载工况下，舵机需要提供更大的推力来克服负载阻力，而由于伺服系统能力有限，舵机驱动器控制回路为了保证快速响应指令而只能降低输出幅值，因此出现加载下的舵机输出位移较空载时变小而滞后时间大致相同。

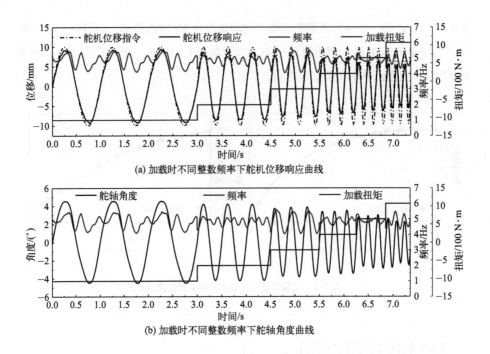

(a) 加载时不同整数频率下舵机位移响应曲线

(b) 加载时不同整数频率下舵轴角度曲线

图6-10 加载时舵机扫频实验整数频率下实验曲线

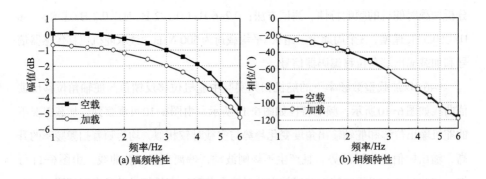

(a) 幅频特性

(b) 相频特性

图6-11 加载时舵机扫频实验频响特性曲线

6.4 实验结果与仿真结果的对比

舵面传动系统中电动舵机和传动机构共同决定了舵轴输出响应。前文已根据实验中零部件参数建立了舵面传动系统耦合模型，本节通过不同电动舵机指令频率下空载扫频特性和加载扫频特性的仿真结果与实验结果的对比，验证耦合模型的有效性。电动舵机中行星滚柱丝杠接触刚度和电动舵机固定刚度取值均为 1×10^8 N/m，行星滚柱丝杠间隙为 0.1 mm。对机构中 4 个间隙铰链进行测量，每处平均测量三次取平均值，最终得到表 6-1 的各铰链轴孔配合尺寸。

表6-1 舵面传动系统回转铰链测量值　　　　　　　　　　　　　　　　　mm

测量值	铰链A	铰链B	铰链C	铰链D
销轴	14.957	14.959	14.955	14.958
孔	15.036	15.036	15.030	15.035
间隙	0.079	0.077	0.075	0.077

6.4.1 空载扫频特性

空载，选取电动舵机指令频率分别为 1 Hz、2 Hz 和 4 Hz，将舵面传动系统耦合模型仿真结果与实验结果进行对比。空载时不同频率下的电动舵机位移、舵轴角度及角加速度曲线如图 6-12~图 6-14 所示。

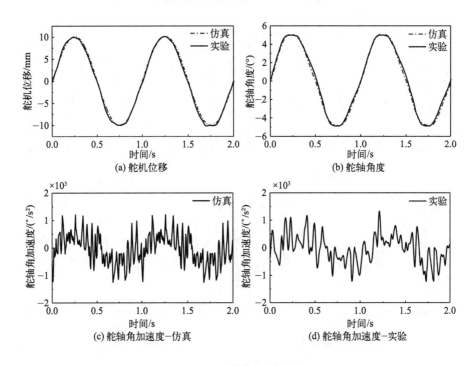

图6-12 1 Hz空载仿真与实验对比图

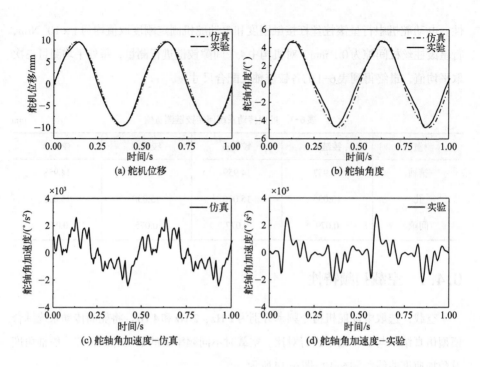

(a) 舵机位移

(b) 舵轴角度

(c) 舵轴角加速度-仿真

(d) 舵轴角加速度-实验

图6-13 2 Hz空载仿真与实验对比图

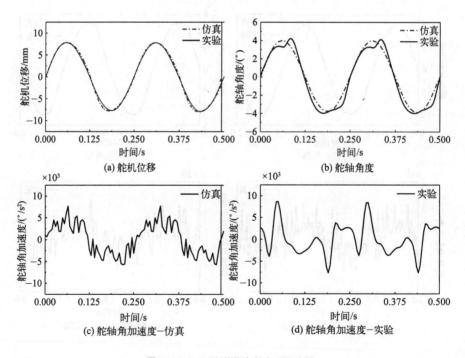

(a) 舵机位移

(b) 舵轴角度

(c) 舵轴角加速度-仿真

(d) 舵轴角加速度-实验

图6-14 4 Hz空载仿真与实验对比图

结果表明：①不论是仿真曲线还是实验曲线，由于舵机内部存在非线性环节，随着指令频率的升高，电动舵机位移响应幅值均呈现衰减趋势，且频率越高衰减越明显。不同指令频率下，舵机位移响应仿真幅值分别为 10.141 mm、9.681 mm 和 7.909 mm，对应实验测试结果分别为 10.115 mm、9.627 mm 和 7.827 mm，二者间相对误差分别为 0.257%、0.561% 和 1.048%。②空载下舵轴角度的仿真曲线与实验曲线吻合较好。三组驱动频率下舵轴角度仿真结果分别为 5.176°、4.815° 和 3.785°，实验结果分别为 4.992 deg、4.753° 和 3.986°，二者相对误差分别为 3.686%、1.304% 和 5.043%。③舵轴角加速度实验和仿真曲线较角度曲线均呈现更加明显的脉冲式振荡，且随着指令频率的升高，振荡越明显，在机构换向位置附近振荡幅值越大。不同频率下，舵轴角加速度振荡峰值的仿真结果为 1207.843 °/s²、2593.131 °/s² 和 7703.624 °/s²，对应的实验测试结果分别为 1296.773 °/s²、2819.805 °/s² 和 8456.692 °/s²，二者间相对误差分别为 6.858%、8.039% 和 8.905%。

空载时不同频率下的仿真与实验结果对比如表6-2所示，可以发现，不论是仿真结果还是实验测试结果，随着驱动频率的升高，舵机位移和舵轴角度峰值减小，舵轴角加速度峰值增大，其原因为：当舵面传动系统做高频运动时，舵机带宽限制其难以按照期望的指令幅值运动，使得输出位移和舵轴偏角减小，但由于传动机构中间隙铰链中销轴与轴套相对碰撞速度增大，出现强烈的冲击与碰撞现象，最终使得舵轴角加速度增大。

表6-2 空载时不同频率下的仿真结果与实验结果对比

频率/Hz		1	2	4
舵机位移 /mm	仿真	10.141	9.681	7.909
	实验	10.115	9.627	7.827
	误差	0.257%	0.561%	1.048%
舵轴角度 /（°）	仿真	5.176	4.815	3.785
	实验	4.992	4.753	3.986
	误差	3.686%	1.304%	5.043%
舵轴角加速度 /（°/s²）	仿真	1207.843	2593.131	7703.624
	实验	1296.773	2819.805	8456.692
	误差	6.858%	8.039%	8.905%

6.4.2 加载扫频特性

扭矩加载 500 N·m, 选取电动舵机指令频率分别为 1 Hz、2 Hz 和 4 Hz, 将舵面传动系统耦合模型仿真结果与实验结果进行对比。加载时不同频率下的电动舵机位移、舵轴角度及角加速度曲线如图 6-15~图 6-17 所示。

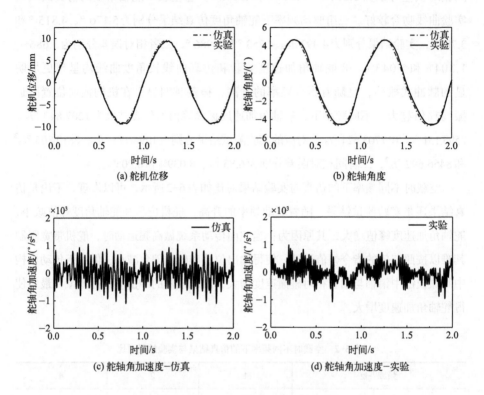

图 6-15 1 Hz 加载仿真与实验对比图

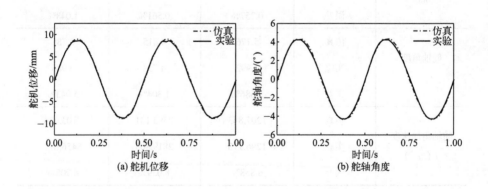

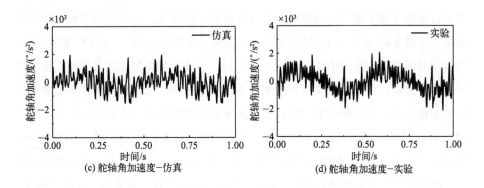

图6-16　2 Hz加载仿真与实验对比图

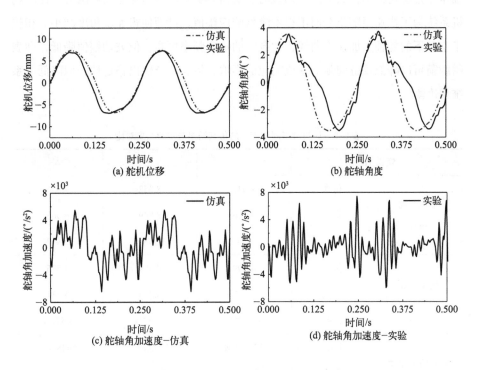

图6-17　4 Hz加载仿真与实验对比图

　　结果表明：①不同指令频率下，舵机位移仿真幅值分别为9.521 mm、8.952 mm和7.386 mm，对应实验测试结果分别为9.406 mm、8.839 mm和6.968 mm，二者间相对误差分别为1.223%、1.278%和5.999%。②随着指令频率的升高，当指令频率为4 Hz时，在多余力矩的作用下，舵轴角度实验曲线发生畸变，而仿真模型中加载过程未能考虑多余力矩的影响，仍然为近似正弦曲线。三组频率下舵轴角度仿真结果分别为4.699°、4.389°和3.525°，实验结果分别为4.657°、4.313°和3.734°，二者相对误差分别为0.902%、1.762%和5.597%。③舵轴角加速度曲线较角度曲线呈现更明显的振荡，且随着指令频率的升高，振荡越明显，在机构换向位置附近振荡幅值越大。不同频率下，舵轴角加速度振荡峰值的仿真结果为1054.038 °/s²、1933.817 °/s²和6448.451 °/s²，对应的实验测试结果分别为1081.394 °/s²、2125.249 °/s²和7401.675 °/s²，二者间相对误差分别为2.530%、9.008%和12.878%。加载时不同频率下的仿真结果与实验结果对比如表6-3所示，可以发现，随着指令频率的增大，仿真和实验结果的相对误差越大。相较于空载下系统响应，加载后舵机位移和舵轴角度幅值均减小，其原因为加载时舵机需要更大的推力克服负载阻力，此时舵机系统为了快速跟随指令而不得不降低响应幅值，进而使得舵轴角度减小。相较于空载下的舵轴角加速度曲线，加载时的响应频率更高，但波动幅值降低，即表明载荷可以降低铰链间隙对系统响应的影响，提高系统输出稳定性，但降低了系统精度。

表6-3　加载时不同频率下的仿真结果与实验结果对比

频率/Hz		1	2	4
舵机位移 /mm	仿真	9.521	8.952	7.386
	实验	9.406	8.839	6.968
	误差	1.223%	1.278%	5.999%
舵轴角度 /(°)	仿真	4.699	4.389	3.525
	实验	4.657	4.313	3.734
	误差	0.902%	1.762%	5.597%
舵轴角加速度 /(°/s²)	仿真	1054.038	1933.817	6448.451
	实验	1081.394	2125.249	7401.675
	误差	2.530%	9.008%	12.878%

由空载/加载时不同频率下的舵机位移、舵轴角度及舵轴角加速度仿真结果和实验结果可知：本书建立的考虑电动舵机和传动机构的舵面传动系统耦合模型仿真结果与实验测试结果可较好地吻合，能进一步验证第5章所建立耦合模型的

有效性。但仿真结果和实验结果仍然存在一定误差，其影响因素大致来源于以下方面：①电动舵机仿真模型中行星滚柱丝杠接触刚度和间隙、电动舵机固定刚度均根据参考文献取一定值，但在实验中该参数均会发生变化。②仿真时仅考虑传动部件之间的铰链，假定轴承座与舵机、轴承座与舵轴等其他各处均为理想运动副。实验中，该处间隙的影响虽然会通过润滑被尽可能减小和抑制，但由于合理的配合设计、加工和装配等因素，间隙的存在仍不可避免。③前文仿真结果表明多个铰链间隙作用时，距离输入构件最近的间隙铰链承受较大的接触力，更容易导致构件产生变形、疲劳和磨损，但仿真过程中假定各处铰链间隙始终为一恒定值，未考虑磨损对铰链间隙的影响，工程实际中，间隙处的磨损会对系统的响应产生很大的影响。④实验过程中由于硬件资源限制使得实验数据采样率低，使得舵轴角加速度的实验结果和仿真结果振荡峰值较为吻合，但运动过程中的抖动程度存在偏差。

6.5 本章小结

本章开展了舵面传动系统周期矩形脉冲阶跃特性和不同频率下的扫频特性实验，通过舵机位移、舵轴角度和舵轴角加速度实验结果和仿真结果的对比分析，验证了本书所建立的舵面传动系统耦合模型的正确性，该模型考虑了电动舵机中永磁同步电机三闭环控制、行星滚柱丝杠接触刚度及间隙、电动舵机固定刚度等因素和传动机构中铰链间隙、构件柔性和舵面载荷等参数。

实验结果分析如下：①阶跃特性实验表明舵机具有较好的跟随特性，舵机位移反馈值几乎无超调。②扫频特性实验中，空载或加载工况下，随着指令频率的升高，舵机反馈位移和舵轴输出角度的幅值均呈现衰减趋势。幅频特性曲线在空载或加载工况下差异较大，而相频特性曲线对载荷并不敏感。

通过实验结果与仿真结果的对比分析可知：不论是空载扫频还是加载扫频，仿真结果和实验测试结果均保持较好的吻合性。随着频率的升高，电动舵机位移和舵轴角度响应幅值呈衰减趋势，但舵轴角加速度却表现出逐渐加强的脉冲式振荡。相较于空载下的响应，加载后的舵机位移和舵轴角度幅值均减小、舵轴角加速度频率增高幅值降低，造成该现象的原因为：加载时舵机为了克服负载阻力同时满足快速跟随指令，不得不降低位移和角度响应幅值，而载荷可以吸收间隙铰链碰撞产生的能量，进而降低了舵轴角加速度的波动程度。由上述对比可知，仿真模型结果可信，与实验结果契合度较高，验证了舵面传动系统耦合模型的正确性。但是，由于理论分析时舵面传动系统中非线性因素，包括行星滚柱丝杠接触刚度和间隙、电动舵机固定刚度、传动机构铰链间隙均被定义为一定值，使得实验结果与仿真曲线存在差异。

7　　总结与展望

随着航空航天技术的发展，飞行器向高速、高精度、高可靠性及长寿命等方向发展，舵面传动系统是飞行器中一项关键驱动执行机构，其性能直接影响飞行器的飞行控制效果和飞行品质。电动舵机和传动机构是舵面传动系统的重要组成部分，要想真实模拟系统实际性能，需考虑电动舵机和传动机构之间相互耦合的问题。随着飞行器对传动机构的传动精度、响应速度和稳定性要求不断提高，构件弹性变形和铰链间隙对机构的动力学特性影响变得十分突出。本书通过理论建模、数值仿真和实验验证的方式，建立了考虑电动舵机非线性因素和传动机构铰链间隙碰撞动力学及刚柔耦合特性的舵面传动系统联合仿真模型。本书介绍的相关研究成果可以为预测含铰链间隙的飞行器传动系统动力学特性提供理论依据，为提高飞行器传动精度、响应速度和稳定性奠定良好基础。

7.1 本研究的主要内容及结论

① 提出了改进的非线性法向接触力模型。

建立了一种适用于舵面传动系统回转铰链小间隙、大力载、接触区域较大特点的非线性法向接触力模型。通过该模型在不同间隙尺寸、恢复系数、初始碰撞速度和轴承轴向尺寸等各种工况下的接触碰撞过程分析，并与文献中曲柄滑块机构实验结果的对比验证，表明了所提出的改进接触力模型可有效地模拟含铰链间隙的机构接触碰撞过程。该模型考虑了接触碰撞过程几何形状、材料特性、轴承轴向尺寸、碰撞过程能量损耗等因素，且不受恢复系数限制并适用于大面积接触碰撞过程。

② 建立了基于改进接触力模型的含铰链间隙传动机构刚柔耦合模型，分析了相关参数对系统响应的影响。

通过用户自定义子程序二次开发和利用有限元软件ANSYS建立辅助摇臂、辅助连杆和摇臂的柔性体模型，建立了基于改进接触力模型的含铰链间隙传动机构刚柔耦合动力学模型，分析了间隙尺寸、铰链位置、铰链数量及运动模式和柔性构件等相关参数对动力学响应的影响。

a. 舵轴角位移曲线受铰链间隙尺寸影响较小，几乎与理想曲线重合；间隙尺寸对舵轴角速度曲线的影响较为明显，含间隙响应围绕理想曲线上下波动，且间隙越大，波动幅值越大；舵轴角加速度曲线对铰链间隙最为敏感，当系统换向时，角加速度波动幅值达到最大，且随着间隙尺寸的增大呈现振荡高幅值低频率的现象。

b. 不同铰链位置处间隙对舵轴响应影响不同，其中与作动杆相连的铰链处间隙较其他铰链位置而言对系统输出的稳定性影响最大，系统相空间轨迹图混沌性最强。

c. 由于每一个销轴在轴承内会有三种运动模式，包括自由运动模式、碰撞模式和连续接触模式，因此四个间隙铰链之间的相互作用对舵轴输出响应影响显著；系统输出响应的变化趋势与输出部件相连接的铰链运动模式息息相关；当系统包含四个间隙铰链时，距离输入构件最近的间隙铰链承受较大的接触力，且可能容易导致构件产生变形、疲劳和磨损；任意一处铰链的碰撞将会引起其余铰链的碰撞，间隙铰链间产生强烈的相互作用使得系统响应并非单个响应的简单叠加，因此尽可能将所有铰链建模为含间隙铰链以更加准确地预测和分析多体系统的动力学行为。

d. 柔性构件可以减弱铰链间隙对舵轴动力学输出的影响，但当系统存在多间隙铰链和多柔性体时，柔性体产生的弹性变形与间隙铰链的碰撞耦合作用使得系统振荡程度增强，稳定性降低。

③ 建立了电动舵机仿真模型，分析了系统非线性因素的影响。

以基于永磁同步电机三环闭环控制的电动舵机为研究对象，以 AMESim 为开发平台，建立了考虑行星滚柱丝杠接触刚度、间隙、摩擦及电动舵机结构刚度，包括固定刚度和传动刚度等非线性因素影响的系统仿真模型。

系统非线性影响因素中行星滚柱丝杠接触刚度、间隙和电动舵机固定刚度对载荷较为敏感，在载荷作用下，非线性因素的变化会导致舵机输出位移产生振荡，且刚度越小、间隙越大，振荡幅值越大，但最终在伺服控制的作用下趋于稳定。电动舵机在不同位置阶跃信号指令下的位置稳态误差均满足精度指标要求，基于永磁同步电机三闭环伺服控制策略的电动舵机具有良好的动态性能。通过与文献的对比再次验证所建立的电动舵机仿真模型具有较好的系统动态跟踪能力，可有效模拟系统性能。

④ 建立了基于电动舵机和传动机构的舵面传动系统联合仿真模型，分析了整个传动链中系统参数的影响。

对电动舵机模型和传动机构动力学模型进行接口和交互变量定义，建立了舵面传动系统联合仿真模型，该模型可以考虑永磁同步电机、PID控制、行星滚柱丝杠接触刚度、间隙、电动舵机固定刚度、铰链间隙碰撞动力学、构件柔性、舵面负载等因素，并研究了系统各参数对舵轴响应的影响规律。

a. 电动舵机模型中行星滚柱丝杠接触刚度、间隙和电动舵机固定刚度的变化对舵轴角加速度曲线影响最大，角速度影响次之，舵轴角度和舵机位移影响最小；角度和位移响应出现幅值衰减、响应滞后的现象，角加速度呈振荡甚至高频脉冲现象。

b. 受电动舵机和传动机构耦合作用影响，相较于单纯传动机构动力学模型仿真结果，间隙铰链数量对舵面传动系统联合仿真模型响应的稳定性影响更大。

c. 构件柔性和载荷均可以缓冲铰链间隙导致的舵轴角速度和角加速度振荡，但电动舵机非线性因素的计入使得该缓冲作用被减弱。

综合各种工况下仿真结果和实验结果可知，理论分析与实验测试结果基本吻合，舵面传动系统联合仿真模型可充分考虑电动舵机非线性因素和传动机构铰链间隙碰撞动力学及刚柔耦合特性，为更加真实、全面地预测舵面传动系统动力学特性提供理论依据。

7.2　本研究的创新之处

本研究的特点和创新性主要体现在以下几个方面：

① 提出了一种可满足舵面传动系统回转铰链小间隙、大力载、接触区域较大的特点的改进接触力模型，该模型可以综合考虑碰撞体几何形状、材料特性、轴承轴向尺寸、碰撞过程能量损耗等因素，且不受恢复系数限制并适用于大面积接触碰撞过程。

② 建立了含间隙铰链和柔性构件的传动机构刚柔耦合动力学模型，分析了铰链中销轴在轴承内自由运动、碰撞及连续接触这三种运动模式和多个铰链相互作用之间的内在联系，研究了柔性构件和间隙铰链的共同作用对系统性能的影响，为更加准确预测和分析多体系统动力学特性奠定理论基础。

③ 构建了电动舵机数值仿真模型，考虑了永磁同步电机 $i_d = 0$ 矢量位置环、转速环和电流环三闭环控制、行星滚柱丝杠间隙、刚度及摩擦和电动舵机结构刚度等因素，分析了传动链中非线性因素对系统响应波动程度和稳态误差的影响规律。

④ 基于传动机构刚柔耦合动力学模型和电动舵机数值仿真模型，建立了含多间隙铰链的舵面传动系统联合仿真模型，该模型能够全面考虑舵面传动系统中永磁同步电机、三闭环控制、行星滚柱丝杠非线性特性、铰链间隙、构件柔性及负载力矩等多因素，并可以扩展应用于电动舵机驱动的任意伺服系统，为工程应用提供理论支持。

7.3 本研究的不足与展望

飞行器机电伺服控制系统是以飞行器为被控对象的飞行控制系统，舵面传动系统作为机电伺服控制系统的重要组成部分，是飞行器进行姿态调节的关键执行部件。舵面传动系统是由舵机、传动机构和舵面组成，其性能对飞行器的飞行路径和控制精度具有重要影响。本书针对含多个间隙铰链的舵面传动系统动力学特性开展了系统性的研究工作，取得了一定的研究成果和进展。但由于作者水平、时间和研究条件的限制，本书仍有以下几个方面的工作尚待深入研究：

① 本研究建立的非线性接触力模型虽然考虑了碰撞过程几何形状、材料特性、轴承轴向尺寸、碰撞过程能量损耗等因素，但在建模仿真过程中假设铰链间隙值始终不变，即为规则的圆形间隙。然而，在机构运行过程中，铰链中轴与轴承由于摩擦磨损，使得磨损后的间隙往往呈非规则形状，导致机构的动力学特性随之发生变化。因此，在后续的研究中应将考虑磨损对铰链元素表面轮廓的影响。

② 本研究建立的电动舵机模型中永磁同步电机模型电感、电阻和转子磁链等参数被假设为恒定不变的，未考虑真实电机内部铜损、铁损和涡流损耗及电机本身的齿槽效应，实际工程应用中，上述非线性因素均会对电机控制效果产生影响。因此，在后续研究中，应建立更加真实的永磁同步电机模型，以更加准确地预测和分析电动舵机模型。此外，在控制策略方面，本书根据相关的参数指标设计了传统的PID控制算法，虽然通过仿真验证PID算法的控制效果能够满足电动舵机的使用需求，但为了进一步改善动态响应性能和稳态性能，需要设计具有学习、识别、自适应和模糊处理能力的先进控制算法。

参考文献

[1] 李忠洪. 考虑铰链间隙的空气舵传动机构动力学建模及分析 [D]. 哈尔滨: 哈尔滨工业大学, 2015.

[2] 张新楷, 吴志刚, 杨超. 考虑舵机动力学的舵系统颤振特性分析 [J]. 北京航空航天大学学报, 2011, 37 (8): 927-932.

[3] 范文洋. 空气舵系统频响特性分析及试验研究 [D]. 哈尔滨: 哈尔滨工业大学, 2016.

[4] 乔冠, 刘更, 马尚君, 等. 基于行星滚柱丝杠副的机电作动器动态特性分析 [J]. 振动与冲击, 2016, 35 (7): 82-88, 101.

[5] 周满. 电动舵机系统扰动分析与控制策略研究 [D]. 长春: 中国科学院大学, 2020.

[6] Geng X Y, Wang X J, Wang L, et al. Non-probabilistic time-dependent kinematic reliability assessment for function generation mechanisms with joint clearances [J]. Mechanism and Machine Theory, 2016, 104: 202-221.

[7] Li Y Y, Chen G P, Sun D Y, et al. Dynamic analysis and optimization design of a planar slider-crank mechanism with flexible components and two clearance joints [J]. Mechanism and Machine Theory, 2016, 99: 37-57.

[8] Marques F, Flores P, Claro J C P, et al. A survey and comparison of several friction force models for dynamic analysis of multibody mechanical systems [J]. Nonlinear Dynamics, 2016, 86: 1407-1443.

[9] Chen Y, Sun Y, Chen C. Dynamic analysis of a planar slider-crank mechanism with clearance for a high speed and heavy load press system [J]. Mechanism and Machine Theory, 2016, 98: 81-100.

[10] Daniel G B, Machado T H, Cavalca K L. Investigation on the influence of the cavitation boundaries on the dynamic behavior of planar mechanical systems with hydrodynamic bearings [J]. Mechanism and Machine Theory, 2016, 99: 19-36.

[11] Li P, Chen W, Li D S, et al. Wear analysis of two revolute joints with clearance in multibody systems [J]. Journal of Computational and Nonlinear Dynamics, 2016, 11: 011009, 7 Pages.

[12] 李金玉. 考虑混合间隙的机构动力学研究 [D]. 哈尔滨: 哈尔滨工业大学, 2017.

[13] 王旭鹏. 含间隙铰链机构非线性接触力和碰撞动力学研究 [D]. 西安: 西北工业大学, 2016.

[14] 永强. 某卫星新型帆板展开机构故障机理分析及解决方案研究 [D]. 哈尔滨: 哈尔滨工业大学, 2018.

[15] Cheng C, Huang Q G. An accurate determination of the Hubble constant from Baryon acoustic oscillation datasets [J]. Science China Physics, Mechanics & Astronomy, 2015, 58 (9): 599801, 6 Pages.

[16] 阎绍泽. 航天器中含间隙机构非线性动力学问题及其研究进展 [J]. 动力学与控制学报, 2004, 2 (2): 48-52.

[17] Flores P, Ambrósio J, Claro J C P, et al. A study on dynamics of mechanical systems including joints with clearance and lubrication [J]. Mechanism and Machine Theory, 2006, 41: 247-261.

[18] Li Y Y, Wang C, Huang W H. Dynamics analysis of planar rigid-flexible coupling deployable solar array system with multiple revolute clearance joints [J]. Mechanical Systems and Signal Processing, 2019, 117: 188-209.

[19] Li Y Y, Wang Z L, Wang C, et al. Planar rigid-flexible coupling spacecraft modeling and control considering solar array deployment and joint clearance [J]. Acta Astronautica, 2018, 142: 138-151.

[20] Li Y Y, Wang Z L, Wang C, et al. Effects of torque spring, CCL and latch mechanism on dynamic response of planar solar arrays with multiple clearance joints [J]. Acta Astronautica, 2017, 132: 243-255.

[21] Li J L, Yan S Z, Guo F, et al. Effects of damping, friction, gravity, and flexibility on the dynamic performance of a deployable mechanism with clearance [J]. Proceedings of the Institution of Mechanical Engineers, Part C: Journal of Mechanical Engineering Science, 2012, 227 (8): 1791-1803.

[22] Li J L, Huang H Z, Yan S Z, et al. Kinematic accuracy and dynamic performance of a simple planar space deployable mechanism with joint clearance considering parameter uncertainty [J]. Acta Astronautica, 2017, 136: 34-45.

[23] Zhang J, Guo H W, Liu R Q, et al. Nonlinear characteristic of spherical joints with clearance [J]. Journal of Aerospace Technology and Management, 2015, 7 (2): 179-184.

[24] Li T J, Guo J, Cao Y Y. Dynamic characteristics analysis of deployable space structures considering joint clearance [J]. Acta Astronautica, 2011, 68: 974-983.

[25] 王巍, 于登云, 马兴瑞. 航天器铰接结构非线性动力学特性研究进展[J]. 力学进展, 2006, 36 (2): 233-238.

[26] 占甫, 关富玲. 含三维间隙铰空间可展机构动力学数值分析[J]. 浙江大学学报（工学版）, 2009, 43 (1): 177-182.

[27] Zhao Y, Bai Z F. Dynamics analysis of space robot manipulator with joint clearance [J]. Acta Astronautica, 2011, 68: 1147-1155.

[28] 邱雪松, 李卓, 商阔, 等. 含间隙铰可展太阳翼末端重复展开精度分析[J]. 哈尔滨工业大学学报, 2020, 52 (7): 68-74.

[29] Bai Z F, Zhao J J, Chen J, et al. Design optimization of dual-axis driving mechanism for satellite antenna with two planar revolute clearance joints [J]. Acta Astronautica, 2018, 144: 80-89.

[30] Bai Z F, Liu Y Q, Sun Y. Investigation on dynamic responses of dual-axis positioning mechanism for satellite antenna considering joint clearance [J]. Journal of Mechanical Science and Technology, 2015, 29 (2): 453-460.

[31] 赵阳, 白争锋, 王兴贵. 含间隙卫星天线双轴定位机构动力学仿真分析[J]. 宇航学报, 2010, 31 (6): 1533-1539.

[32] 赵阳, 潘冬, 白争锋. 含间隙卫星天线双轴机构动态磨损特性研究[J]. 机械设计与制造, 2011, (5): 107-109.

[33] 潘冬，王兴贵，赵阳. 运动副间隙对卫星天线双轴机构动态特性影响[J]. 中国空间科学技术，2012，(5): 21-26, 75.

[34] Chaker A, Mlika A, Laribi M A, et al. Clearance and manufacturing errors' effects on the accuracy of the 3-RCC spherical parallel manipulator [J]. European Journal of Mechanics A/Solids, 2013, 37: 86-95.

[35] Varedi-Koulaei S M, Daniali H M, Farajtabar M, et al. Reducing the undesirable effects of joints clearance on the behavior of the planar 3-RRR parallel manipulators [J]. Nonlinear Dynamics, 2016, 86: 1007-1022.

[36] Zhang X C, Zhang X M. A comparative study of planar 3-RRR and 4-RRR mechanisms with joint clearances [J]. Robotics and Computer-Integrated Manufacturing, 2016, 40: 24-33.

[37] Xu L X, Li Y G. Investigation of joint clearance effects on the dynamic performance of a planar 2-DOF pick-and-place parallel manipulator [J]. Robotics and Computer-Integrated Manufacturing, 2014, 30: 62-73.

[38] Li Y T, Quan Q Q, Li H, et al. Air rudder mechanism dynamics considering two elements: joint clearance and link flexibility [J]. Journal of Mechanical Science and Technology, 2017, 31 (7): 3189-3197.

[39] 李云涛. 空气舵传动机构动态特性分析及实验研究[D]. 哈尔滨: 哈尔滨工业大学, 2017.

[40] Quental C, Folgado J, Ambrósio J, et al. Multibody system of the upper limb including a reverse shoulder prosthesis [J]. Journal of Biomechanical Engineering, 2013, 135: 111005, 10 Pages.

[41] Machado M, Flores P, Ambrósio J, et al. Influence of the contact model on the dynamic response of the human knee joint [J]. Proceedings of the Institution of Mechanical Engineers, Part K: Journal of Multi-body Dynamics, 2011, 225: 344-358.

[42] Marques F, Isaac F, Dourado N, et al. A study on the dynamics of spatial mechanisms with frictional spherical clearance joints [C]. ASME 2016 International Design Engineering Technical Conferences and Computers and Information in Engineering Conference, IDETC/CIE 2016, August 21-24, 2016, Charlotte, North Carolina.

[43] Askari E, Flores P, Dabirrahmani D, et al. Nonlinear vibration and dynamics of ceramic on ceramic artificial hip joints: a spatial multibody modelling [J]. Nonlinear Dynamics, 2014, 76: 1365-1377.

[44] Askari E, Flores P, Dabirrahmani D, et al. Dynamic modeling and analysis of wear in spatial hard-on-hard couple hip replacements using multibody systems methodologies [J]. Nonlinear Dynamics, 2015, 82: 1039-1058.

[45] Askari E, Flores P, Dabirrahmani D, et al. A review of squeaking in ceramic total hip prostheses [J]. Tribology International, 2016, 93: 239-256.

[46] Hertz H. Über die Berührung Fester Elasticher Körper [J]. Journal für die reine und angewandte Mathematik, 1881, 92: 156-171.

[47] Goldsmith W. Impact: the theory and physical behaviour of colliding solids [M]. London, England: Edward Arnold Ltd., 1960.

[48] Hunt K H, Crossley F R E. Coefficient of restitution interpreted as damping in vibroimpact [J]. Journal of Applied Mechanics, 1975, 7: 440-445.

[49] Moreira P, Silva M, Flores P. A biomechanical multibody foot model for forward dynamic analysis [C]. 1st Joint International Conference on Multibody System Dynamics, May 25-27, 2010, Lappeenranta, Finland.

[50] Anderson R W G, Long A D, Serre T. Phenomenological continuous contact-impact modeling for multibody simulations of pedestrian-vehicle contact interactions based on experimental data [J]. Nonlinear Dynamics, 2009, 58: 199-208.

[51] Zhang Y N, Sharf I. Validation of nonlinear viscoelastic contact force models for low speed impact [J]. Journal of Applied Mechanics, 2009, 76: 051002, 12 Pages.

[52] Silva P C, Silva M T, Martins J M. Evaluation of the contact forces developed in the lower limb/orthosis interface for comfort design [J]. Multibody System Dynamics, 2010, 24: 367-388.

[53] Guess T M, Thiagarajan G, Kia M, et al. A subject specific multibody model of the knee with menisci [J]. Medical Engineering & Physics, 2010, 32: 505-515.

[54] Lankarani H M, Nikravesh P E. A contact force model with hysteresis damping for impact analysis of multibody systems [J]. Journal of Mechanical Design, 1990, 112: 369-376.

[55] Yaqubi S, Dardel M, Daniali H M, et al. Modeling and control of crank-slider mechanism with multiple clearance joints [J]. Multibody System Dynamics, 2016, 36: 143-167.

[56] Flores P. A parametric study on the dynamic response of planar multibody systems with multiple clearance joints [J]. Nonlinear Dynamics, 2010, 61: 633-653.

[57] Flores P, Ambrósio J, Claro J C P, et al. Dynamic behaviour of planar rigid multi-body systems including revolute joints with clearance [J]. Proceedings of the Institution of Mechanical Engineers, Part K: Journal of Multi-body Dynamics, 2007, 221: 161-174.

[58] Xu L X, Han Y C. A method for contact analysis of revolute joints with noncircular clearance in a planar multibody system [J]. Proceedings of the Institution of Mechanical Engineers, Part K: Journal of Multi-body Dynamics, 2016, 230 (4): 589-605.

[59] 郝雪清，陈江义. 不同运动副材料对间隙机构动力学特性的影响 [J]. 振动与冲击，2012，31 (12): 19-21.

[60] Flores P, Ambrósio J, Claro J C P, et al. Influence of the contact-impact force model on the dynamic response of multibody systems [J]. Proceedings of the Institution of Mechanical Engineers, Part K: Journal of Multi-body Dynamics, 2006, 220: 21-34.

[61] Liu C S, Zhang K, Yang L. The compliance contact model of cylindrical joints with clearances [J]. Acta Mechanica Sinica, 2005, 21: 451-458.

[62] Liu C S, Zhang K, Yang R. The FEM analysis and approximate model for cylindrical joints with clearances [J]. Mechanism and Machine Theory, 2007, 42: 183-197.

[63] Gonthier Y, Mcphee J, Lange C, et al. A regularized contact model with asymmetric damping and dwell-time dependent friction [J]. Multibody System Dynamics, 2004, 11: 209-233.

[64] 秦志英，陆启韶. 基于恢复系数的碰撞过程模型分析 [J]. 动力学与控制学报，2006，4（4）：294-298.

[65] Flores P, Machado M, Silva M T, et al. On the continuous contact force models for soft materials in multibody dynamics [J]. Multibody System Dynamics, 2011, 25: 357-375.

[66] Hu S W, Guo X L. A dissipative contact force model for impact analysis in multibody dynamics [J]. Multibody System Dynamics, 2015, 35: 131-151.

[67] Bai Z F, Zhao Y. Dynamic behaviour analysis of planar mechanical systems with clearance in revolute joints using a new hybrid contact force model [J]. International Journal of Mechanical Sciences, 2012, 54: 190-205.

[68] Bai Z F, Zhao Y. A hybrid contact force model of revolute joint with clearance for planar mechanical systems [J]. International Journal of Non-Linear Mechanics, 2013, 48: 15-36.

[69] Flores P, Koshy C S, Lankarani H M, et al. Numerical and experimental investigation on multibody systems with revolute clearance joints [J]. Nonlinear Dynamics, 2011, 65: 383-398.

[70] Wang X P, Liu G, Ma S J. Dynamic analysis of planar mechanical systems with clearance joints using a new nonlinear contact force model [J]. Journal of Mechanical Science and Technology, 2016, 30（4）: 1537-1545.

[71] Wang X P, Liu G, Ma S J, et al. Effects of restitution coefficient and material characteristics on dynamic response of planar multi-body systems with revolute clearance joint [J]. Journal of Mechanical Science and Technology, 2017, 31（2）: 587-597.

[72] Ma J, Qian L F, Chen G S, et al. Dynamic analysis of mechanical systems with planar revolute joints with clearance [J]. Mechanism and Machine Theory, 2015, 94: 148-164.

[73] Ma J, Qian L F. Modeling and simulation of planar multibody systems considering multiple revolute clearance joints [J]. Nonlinear Dynamics, 2017, 90: 1907-1940.

[74] Tan H Y, Hu Y J, Li L. A continuous analysis method of planar rigid-body mechanical systems with two revolute clearance joints [J]. Multibody System Dynamics, 2017, 40: 347-373.

[75] Gummer A, Sauer B. Modeling planar slider-crank mechanisms with clearance joints in RecurDyn [J]. Multibody System Dynamics, 2014, 31: 127-145.

[76] 侯建洪. 考虑球铰间隙与柔性构件的空间多体系统动力学性能研究 [D]. 长春：吉林大学，2018.

[77] Zheng E L, Zhu R, Zhu S H, et al. A Study on dynamics of flexible multi-link mechanism including joints with clearance and lubrication for ultra-precision presses [J]. Nonlinear Dynamics, 2016, 83: 137-159.

[78] Abdallah M A B, Khemili I, Aifaoui N. Numerical investigation of a flexible slider-crank mechanism with multijoints with clearance [J]. Multibody System Dynamics, 2016, 38: 173-199.

[79] Chen Y, Sun Y, Yang D. Investigations on the dynamic characteristics of a planar slider-crank mechanism for a high-speed press system that considers joint clearance [J]. Journal of Mechanical Science and Technology, 2017, 31（1）: 75-85.

[80] Lou J J, Li C B. An improved model of contact collision investigation on multi-body systems with

revolute clearance joints [J]. Proceedings of the Institution of Mechanical Engineers, Part D: Journal of Automobile Engineering, 2020, 234 (7): 2103-2112.

[81] Skrinjar L, Slavič J, Boltežar M. A review of continuous contact-force models in multibody dynamics [J]. International Journal of Mechanical Sciences, 2018, 145: 171-187.

[82] Machado M, Moreira P, Flores P, et al. Compliant contact force models in multibody dynamics: evolution of the Hertz contact theory [J]. Mechanism and Machine Theory, 2012, 53: 99-121.

[83] Alves J, Peixinho N, Silva M T da, et al. A comparative study of the viscoelastic constitutive models for frictionless contact interfaces in solids [J]. Mechanism and Machine Theory, 2015, 85: 172-188.

[84] Koshy C S, Flores P, Lankarani H M. Study of the effect of contact force model on the dynamic response of mechanical systems with dry clearance joints: computational and experimental approaches [J]. Nonlinear Dynamics, 2013, 73: 325-338.

[85] Pennestrì E, Rossi V, Salvini P, et al. Review and comparison of dry friction force models [J]. Nonlinear Dynamics, 2016, 83: 1785-1801.

[86] Zheng X D, Zhang R S, Wang Q. Comparison and analysis of two Coulomb friction models on the dynamic behavior of slider-crank mechanism with a revolute clearance joint [J]. Applied Mathematics and Mechanics, 2018, 39 (9): 1239-1258.

[87] 丁千, 翟红梅. 机械系统摩擦动力学研究进展 [J]. 力学进展, 2013, 43 (1): 112-131.

[88] 刘丽兰, 刘宏昭, 吴子英, 等. 机械系统中摩擦模型的研究进展 [J]. 力学进展, 2008, 38 (2): 201-213.

[89] Dubowsky S, Moening M F. An experimental and analytical study of impact forces in elastic mechanical systems with clearances [J]. Mechanism and Machine Theory, 1978, 13: 451-465.

[90] Khemili I, Romdhane L. Dynamic analysis of a flexible slider-crank mechanism with clearance [J]. European Journal of Mechanics A/Solid, 2008, 27: 882-898.

[91] Erkaya S, Uzmay İ. Effects of balancing and link flexibility on dynamics of a planar mechanism having joint clearance [J]. Scientia Iranica, 2012, 19 (3): 483-490.

[92] Erkaya S, Doğan S, Ulus S. Effects of joint clearance on the dynamics of a partly compliant mechanism: numerical and experimental studies [J]. Mechanism and Machine Theory, 2015, 88: 125-140.

[93] Dubowsky S, Gardner T N. Dynamic interactions of link elasticity and clearance connections in planar mechanical systems [J]. Journal of Engineering for Industry, 1975, 97 (2): 652-661.

[94] Deck J F, Dubowsky S. On the limitations of predictions of the dynamic response of machines with clearance connections [J]. Journal of Mechanical Design, 1994, 116: 833-841.

[95] Schwab A L, Meijaard J P, Meijers P. A comparison of revolute joint clearance model in the dynamic analysis of rigid and elastic mechanical systems [J]. Mechanism and Machine Theory, 2002, 37: 895-913.

[96] Erkaya S. Experimental investigation of flexible connection and clearance joint effects on the

vibration responses of mechanisms [J]. Mechanism and Machine Theory, 2018, 121: 515–529.

[97] Erkaya S, Doğan S, Şefkatlıoğlu E. Analysis of the joint clearance effects on a compliant spatial mechanism [J]. Mechanism and Machine Theory, 2016, 104: 255–273.

[98] Erkaya S, Uzmay İ. Modeling and simulation of joint clearance effects on mechanisms having rigid and flexible links [J]. Journal of Mechanical of Science and Technology, 2014, 28 (8): 2979–2986.

[99] Shiau T N, Tsai Y J, Tsai M S. Nonlinear dynamic analysis of a parallel mechanism with consideration of joint effects [J]. Mechanism and Machine Theory, 2008, 43: 491–505.

[100] Dupac M, Beale D G. Dynamic analysis of a flexible linkage mechanism with cracks and clearance [J]. Mechanism and Machine Theory, 2010, 45: 1909–1923.

[101] Zhao H Y, Xu M Q, Wang J D, et al. A dynamic analysis of reciprocating compressor transmission mechanism with joint clearance [J]. Applied Mechanics and Materials, 2012, 226–228: 641–645.

[102] 周益君, 关富玲. 考虑杆件弹性和三维间隙铰机构动力学研究 [J]. 哈尔滨工业大学学报, 2012, 44 (10): 122–127.

[103] 赵波, 戴旭东, 张执南, 等. 柔性多体系统中间隙铰接副的磨损预测 [J]. 摩擦学学报, 2013, 33 (6): 638–644.

[104] Song Z D, Yang X J, Li B, et al. Modular dynamic modeling and analysis of planar closed-loop mechanisms with clearance joints and flexible links [J]. Proceedings of the Institution of Mechanical Engineers, Part C: Journal of Mechanical Engineering Science, 2015, 231 (3): 522–540.

[105] 尉立肖, 刘才山. 圆柱铰间隙运动学分析及动力学仿真 [J]. 北京大学学报, 2005, 41 (5): 679–687.

[106] 何柏岩, 高峰, 王树新. 计及铰链间隙的机械臂动力学建模与仿真 [J]. 天津大学学报, 2005, 38 (9): 795–799.

[107] Dong X Y, Sun Y, Wu X Z, et al. Dynamic modeling and performance analysis of toggle-linkage presses considering mixed clearances and flexibility [J]. International Journal of Non-Linear Mechanics, 2022, 147: 104243.

[108] Jiang S, Liu J N, Yang Y, et al. Experimental research and dynamics analysis of multi-link rigid-flexible coupling mechanism with multiple lubrication clearances [J]. Archive of Applied Mechanics, 2023, 93: 2749–2780.

[109] Shen Y Y, Gao J B, Wang C, et al. Dynamic analysis of bidirectional solar arrays with flexible panels and clearance joints [J]. Journal of Spacecraft and Rockets, 2023, 60: 1410–1421.

[110] Mukras S, Kim N H, Sawyer W G, et al. Numerical integration schemes and parallel computation for wear prediction using finite element method [J]. Wear, 2009, 266: 822–832.

[111] Mukras S, Kim N H, Mauntler N A, et al. Analysis of planar multibody systems with revolute joint wear [J]. Wear, 2010, 268: 643–652.

[112] Bai Z F, Zhao Y, Chen J. Dynamics analysis of planar mechanical system considering revolute

clearance joint wear [J]. Tribology International, 2013, 64: 85-95.

[113] Wang G X, Liu H Z. Dynamic analysis and wear prediction of planar five-bar mechanism considering multi-flexible links and multi-clearance joints [J]. Journal of Tribology, 2017, 139: 051606, 14 Pages.

[114] 屈盛官, 段勇, 赖福强, 等. 不同重力环境下间隙铰链关节磨损分析 [J]. 宇航学报, 2018, 39 (4): 442-449.

[115] Flores P, Ambrósio J, Claro J C P. Dynamic analysis for planar multibody mechanical systems with lubricated joints [J]. Multibody System Dynamics, 2004, 12: 47-74.

[116] Flores P, Lankarani H M. Spatial rigid-multi-body systems with lubricated spherical clearance joints: modeling and simulation [J]. Nonlinear Dynamics, 2010, 60: 99-114.

[117] Daniel G B, Cavalca K L. Analysis of the dynamics of a slider-crank mechanism with hydrodynamic lubrication in the connecting rod-slider joint clearance [J]. Mechanism and Machine Theory, 2011, 46: 1434-1452.

[118] Reis V L, Daniel G B, Cavalca K L. Dynamic analysis of a lubricated planar slider-crank mechanism considering friction and Hertz contact effects [J]. Mechanism and Machine Theory, 2014, 74: 257-273.

[119] Pandey M D, Zhang X. System reliability analysis of the robotic manipulator with random joint clearances [J]. Mechanism and Machine Theory, 2012, 58: 137-152.

[120] Yan S, Guo P. Kinematic accuracy analysis of flexible mechanisms with uncertain link lengths and joint clearances [J]. Proceedings of the Institution of Mechanical Engineers, Part C: Journal of Mechanical Engineering Science, 2011, 225: 1973-1983.

[121] Chen G L, Wang H, Lin Z Q. A unified approach to the accuracy analysis of planar parallel manipulators both with input uncertainties and joint clearance [J]. Mechanism and Machine Theory, 2013, 64: 1-17.

[122] Feng B, Morita N, Torri T, et al. A new optimization method for dynamic design of planar linkage with clearances at joints-optimizing the mass distribution of links to reduce the change of joint forces [J]. Journal of Mechanical Design, 2002, 124: 68-73.

[123] Erkaya S. Trajectory optimization of a walking mechanism having revolute joints with clearance using ANFIS approach [J]. Nonlinear Dynamics, 2013, 71: 75-91.

[124] Varedi S M, Daniali H M, Dardel M, et al. Optimal dynamic design of a planar slider-crank mechanism with a joint clearance [J]. Mechanism and Machine Theory, 2015, 86: 191-200.

[125] Moghadasi A, Held A, Seifried R. Modeling of revolute joints in topology optimization of flexible multibody systems [J]. Journal of Computational and Nonlinear Dynamics, 2016, 12: 011015, 8 Pages.

[126] 付永领, 李军, 罗昀, 等. 机载一体化电动作动器的新发展及其关键技术 [A] // 中国航空学会控制与应用第十届学术年会暨自控分会成立 20 周年大会论文集 [C]. 北京: 中国航空学会自动控制分会, 2002: 329-336.

[127]于黎明. 全电飞机的技术改进及其发展状况 [J]. 飞机设计, 1999,（3）: 1-3, 20.

[128]Boglietti A, Cavagnino A, Tenconi A, et al. The safety critical electric machines and drives in the more electric aircraft: a survey [C]. 35th Annual Conference of IEEE Industrial Electronics, November 3-5, 2009, Porto, Portugal.

[129]Croke S, Herrenschmidt J. More electric initiative power-by-wire actuation alternatives [C]. National Aerospace and Electronics Conference（NAECON' 94）, May 23-27, 1994, Dayton, OH, USA.

[130]Bennouna O, Langlois N. Modeling and simulation of electromechanical actuators for aircraft nacelles [C]. 9th International Symposium on Mechatronics and its Applications（ISMA）, April 9-11, 2013, Amman, Jordan.

[131]肖益. 行星滚柱丝杠式电动舵机系统设计及其特性研究 [D]. 哈尔滨: 哈尔滨工业大学, 2017.

[132]宋月, 马立玲, 王军政, 等. 舵机直流电机性能测试系统的研制 [J]. 仪器仪表学报, 2005, 26（10）: 1081-1084.

[133]邵伟, 李晓宁, 董明. 永磁同步电机伺服系统控制策略综述 [J]. 电气自动化, 2013, 35（1）: 1-3, 16.

[134]Jahns T M, Soong W L. Pulsating torque minimization techniques for permanent magnet AC motor drives-a review [J]. IEEE Transactions on Industrial Electronics, 1996, 43（2）: 321-330.

[135]杨珍书. 飞控机电作动系统非线性建模和故障分析 [D]. 天津: 中国民航大学, 2018.

[136]Zhu H Z, Fujimoto H. Mechanical deformation analysis and high-precision control for ball-screw-driven stages [J]. IEEE/ASME Transactions on Mechatronics, 2015, 20（2）: 956-966.

[137]Maeda Y, Iwasaki M. Initial friction compensation using rheology-based rolling friction model in fast and precise positioning [J]. IEEE Transactions on Industrial Electronics, 2013, 60（9）: 3865-3876.

[138]Previdi F, Cologni A L, Madaschi M G, et al. Modeling and control of an electro-mechanical ballscrew actuator for vibration active damping [C]. 2014 IEEE International Conference on Control Applications（CCA）, October 8-10, 2014, Antibes, France.

[139]Tao G, Kokotovic P V. Adaptive control of systems with backlash [J]. Automatica, 1993, 29（2）: 323-335.

[140]Tao G, Ma X L, Ling Y. Optimal and nonlinear decoupling control of systems with sandwiched backlash [J]. Automatica, 2001, 37: 165-176.

[141]Tornambè A. Modeling and controlling one-degree-of-freedom impacts under elastic/plastic deformations [J]. IEE Proceedings-Control Theory and Applications, 1996, 143（5）: 470-476.

[142]Olsson H, Åström K J, Wit C C de, et al. Friction models and friction compensation [J]. European Journal of Control, 1998, 4: 176-195.

[143]Wit C C de, Olsson H, Åström K J, et al. A new model for control of systems with friction [J]. IEEE Transactions on Automatic Control, 1995, 40（3）: 419-425.

[144]Maré J C. Practical considerations in the modelling and simulation of electromechanical actuators

[J]. Actuators, 2020, 9 (94): 1–29.

[145] Maré J C. Requirement-base system-level simulation of mechanical transmissions with special consideration of friction, backlash and preload [J]. Simulation Modelling Practice and Theory, 2016, 63: 58–82.

[146] Fu J, Fu Y L, Yu L M, et al. Digital fixed-frequency hysteresis current control of a BLDC motor applied for aerospace electrically powered actuators [J]. Chinese Journal of Aeronautics, 2018, 31 (6): 1287–1297.

[147] Fu J, Maré J C, Fu Y L. Modelling and simulation of flight control electromechanical actuators with special focus on model architecting, multidisciplinary effects and power flows [J]. Chinese Journal of Aeronautics, 2017, 30 (1): 47–65.

[148] Fu J, Maré J C, Fu Y L. Incremental modeling and simulation of mechanical power transmission for more electric aircraft flight control electromechanical actuation system application [C]. ASME 2016 International Mechanical Engineering Congress and Exposition, IMECE2016, November 11–17, 2016, Phoenix, Arizona, USA.

[149] Fu J, Maré J C, Yu L M, et al. Multi-level virtual prototyping of electromechanical actuation system for more electric aircraft [J]. Chinese Journal of Aeronautics, 2018, 31 (5): 892–913.

[150] Merzouki R, Cadiou J C. Estimation of backlash phenomenon in the electromechanical actuator [J]. Control Engineering Practice, 2005, 13: 973–983.

[151] 李建明, 蒋孟龙, 安林雪, 等. 机电作动器动力学建模与电流跳变现象分析 [J]. 电机与控制学报, 2020, 24 (1): 104–110.

[152] 张明月. 滚珠丝杠式电动舵机非线性分析及控制策略研究 [D]. 长春: 中国科学院大学, 2014.

[153] 丁聪. 某飞行器FLAP舵结构设计及其力学分析 [D]. 南京: 南京航空航天大学, 2020.

[154] 聂磊. 无人机电动舵机系统设计与控制技术研究 [D]. 哈尔滨: 哈尔滨工业大学, 2019.

[155] 和江, 文建刚, 侯文. 基于模糊神经网络PID算法的舵机控制与仿真 [J]. 中北大学学报 (自然科学版), 2016, 37 (2): 150–156.

[156] Yang J Z, Yang Z S, Sun X Z. Control design for nonlinear electromechanical actuation system based on fuzzy PID and active disturbance rejection control [C]. The 30th Chinese Control and Decision Conference, 2018 CCDC, June 9–11, 2018, China, Shenyang.

[157] Salloum R, Arvan M R, Moaveni B. Identification, uncertainty modeling and robust controller design for an electromechanical actuator [J]. Proceedings of the Institution of Mechanical Engineers, Part C: Journal of Mechanical Engineering Science, 2016, 230 (20): 3631–3641.

[158] 骆光照. 电动舵机的鲁棒控制研究 [D]. 西安: 西北工业大学, 2003.

[159] Bessa W M, Paula A S de, Savi M A. Sliding mode control with adaptive fuzzy dead-zone compensation for uncertain chaotic systems [J]. Nonlinear Dynamics, 2012, 70 (3): 1989–2001.

[160] Li C C, Yi W J, Yin H Q, et al. Fuzzy pid control of electromechanical actuator system [C]. 2020 International Conference on Defence Technology, 2020 ICDT, October 26–29 2020, China, Beijing.

[161] Ruan W, Dong Q L, Zhang X Y, et al. Friction compensation control of electromechanical actuator based on neural network adaptive sliding mode [J]. Sensors, 2021, 21（4）, 1508, https: //doi. org/10.3390/s21041508.

[162] Guo J N, Wang Y Z, Zhang X W, et al. Dynamic characteristic of rudder loop with rough revolute joint clearance [J]. Nonlinear Dynamics, 2024, 112: 3179-3194.

[163] 梁建, 王春艳, 段丽华, 等. 电动舵机刚柔耦合动力学仿真研究[J]. 航空兵器, 2019, 26（5）: 77-82.

[164] Wu C L S, Earles S W E. A determination of contact-loss at a bearing of a linkage mechanism [J]. Journal of Engineering Industry, 1977, 99（2）: 375-379.

[165] Dubowsky S, Freudenstein F. Dynamic analysis of mechanical systems with clearances, Part 1: formulation of dynamic model [J]. Journal of Engineering for Industry, 1971, 93: 305-309.

[166] Ravn P. A continuous analysis method for planar multibody systems with joint clearance [J]. Multibody System Dynamics, 1998, 2: 1-24.

[167] Li B, Wang S M, Yuan R, et al. Dynamic characteristics of planar linear array deployable structure based on scissor-like element with joint clearance using a new mixed contact force model [J]. Proceedings of the Institution of Mechanical Engineers, Part C: Journal of Mechanical Engineering Science, 2016, 230（18）: 3161-3174.

[168] 李博, 王三民, 袁茹, 等. 运动副间隙耦合作用下平面剪式线性阵列可展结构的动力学分析[J]. 西北工业大学学报, 2017, 35（3）: 455-461.

[169] 王庚祥, 刘宏昭. 考虑球面副间隙的4-SPS/CU并联机构动力学分析[J]. 机械工程学报, 2015, 51（1）: 43-51.

[170] 白争锋. 考虑铰间间隙的机构动力学特性研究[D]. 哈尔滨: 哈尔滨工业大学, 2011.

[171] Tan H Y, Hu Y J, Li L. Effect of friction on the dynamic analysis of slider-crank mechanism with clearance joint [J]. International Journal of Non-Linear Mechanics, 2019, 115: 20-40.

[172] Yang Y L, Cheng J J R, Zhang T Q. Vector form intrinsic finite element method for planar multibody systems with multiple clearance joints [J]. Nonlinear Dynamics, 2016, 86: 421-440.

[173] Ambrósio A. Impact of rigid and flexible multibody systems: deformation description and contact models [J]. Virtual Nonlinear Multibody Systems, 2003, 103: 57-81.

[174] MDI. Building models in ADAMS/View, 2012, ADAMS/Solver online help.

[175] Guo J N, He P, Liu Z S, et al. Investigation of an improved planar revolute clearance joint contact model with rough surface [J]. Tribology International, 2019, 134: 385-393.

[176] Zhao H Y, Xu M Q, Wang J D, et al. A parameters optimization method for planar joint clearance model and its application for dynamics simulation of reciprocating compressor [J]. Journal of Sound and Vibration, 2015, 344: 416-433.

[177] Yu H D, Zhang J, Wang H. Dynamic performance of over-constrained planar mechanisms with multiple revolute clearance joints [J]. Proceedings of the Institution of Mechanical Engineers, Part C: Journal of Mechanical Engineering Science, 2018, 232（19）: 3524-3537.

[178]易敏. 考虑转动副间隙曲柄滑块机构动力学仿真与可靠性分析[D]. 武汉：华中科技大学，2016.

[179]胡江涛. 机电伺服作动系统非线性特性建模与控制方法研究[D]. 南京：南京航空航天大学，2018.

[180]崔业兵，鞠玉涛，周长省. 一种高带宽四舵翼电动舵机的可行性研究[J]. 电机与控制学报，2012，16（12）：87-93.

[181]付永领，祁晓野. AMESim 系统建模和仿真：从入门到精通[M]. 北京：北京航空航天大学出版社，2006.

[182]魏乐. 基于 AMESim 的 50 吨汽车起重机变幅系统仿真分析与实验研究[D]. 长春：吉林大学，2011.

[183]宋永杰. 基于无刷直流电机的小型舵机驱动与自适应控制研究[D]. 南京：南京理工大学，2016.

[184]Pillay P, Krishnan R. Modeling, simulation, and analysis of permanent-magnet motor drives, part I: the permanent-magnet synchronous motor drive [J]. IEEE Transactions on Industry Applications, 1989, 25（2）: 265-273.

[185]Karam W, Maré J C. Modelling and simulation of mechanical transmission in roller-screw electro-mechanical actuators [J]. Aircraft Engineering and Aerospace Technology, 2009, 81（4）: 288-298.